绝味家常湘菜

甘智荣 主编

译林出版社

图书在版编目（CIP）数据
绝味家常湘菜 / 甘智荣主编．—南京：译林出版社，2017.7
（大厨请到家）
ISBN 978-7-5447-6841-2

Ⅰ.①绝… Ⅱ.①甘… Ⅲ.①湘菜－菜谱 Ⅳ.①TS972.182.64

中国版本图书馆 CIP 数据核字（2017）第 052254 号

绝味家常湘菜　甘智荣／主编

责任编辑　韩继坤
特约编辑　王　锦
装帧设计　Metis 灵动视线
校　　对　肖飞燕
责任印制　贺　伟

出版发行　译林出版社
地　　址　南京市湖南路 1 号 A 楼
邮　　箱　yilin@yilin.com
网　　址　www.yilin.com
市场热线　010-85376701
排　　版　张立波
印　　刷　北京旭丰源印刷技术有限公司
开　　本　710 毫米 ×1000 毫米　1/16
印　　张　10
版　　次　2017 年 7 月第 1 版　2017 年 7 月第 1 次印刷
书　　号　ISBN 978-7-5447-6841-2
定　　价　32.80 元

前言　Preface

湘是湖南省的简称。湘菜，即湖南菜，是中国八大菜系（鲁菜、川菜、粤菜、闽菜、苏菜、浙菜、湘菜、徽菜）之一，具有源远流长的历史和博大精深的烹饪技巧。

湘菜历来重视原料互相搭配，滋味相互渗透，尤其注重酸、辣两味，这是因为其地理位置的关系。湖南气候温和湿润，所以人们喜欢食用辣椒以提神去湿。而用酸泡菜作调料，搭配辣椒做出来的菜肴，开胃爽口，深受人们喜爱，成为独具特色的地方饮食。

湘菜制作精细，品种繁多，用料广泛，口味多变。其特点是菜放重油，颜色浓厚，讲究实惠，口味上注重酸辣、鲜香、软嫩。湘菜在做法上以煨、炖、腊、蒸、炒诸法见长。煨、炖讲究的是微火烹调，其中煨则味透汁浓，而炖则汤清如镜；腊味制法包括烟熏、卤制和叉烧，其腊肉系烟熏制品，既可以作为冷盘，又可以热炒，或者用优质原汤蒸；炒则突出湘菜鲜、嫩、香、辣的特点。

近年来，越来越多的人领略到湘菜的魅力，以湘菜为主的饭店也在全国范围内异军突起，呈现出遍地开花的强劲发展势头。而湘菜也不断地推陈出新，已由原来的2000多个品种增加到6000多个品种，知名菜品多达400种。不仅传统菜式受到消费者欢迎，这些湘菜新品在全国各地也受到广大消费者的青睐。

本书特地选取了生活中十分常见但汇聚了湘菜美食精华的材料，精选出75道广为流传并适合家庭制作的香辣湘菜，并按食材将其分为素菜类、畜肉类、禽蛋类、水产类。其中既有传统佳肴，也有创新菜式，荤素搭配，营养均衡。同时，本书通过细致的文字指导和完整的步骤图片演示，以及制作指导和小贴士，帮助你完成一道道色香味俱全的湘菜美食，带给你色觉、味觉的享受，让你上手更快速，做出美味又营养的菜肴。

目录 Contents

湘菜的烹饪常识

第一章 素菜类

第二章 畜肉类

第三章
禽蛋类

第四章
水产类

湘菜的烹饪常识

湘菜的特点

1.荤素搭配、药食搭配

湘菜讲求荤素搭配、药食搭配。荤素搭配是指一道菜中既有蔬菜类食材，又有肉类、海鲜等食材。荤素搭配不仅口味更美，营养也更加丰富。药食搭配即用某些中药材与食材互相搭配，共同烹饪。畜、禽肉类和水产品均含有丰富的营养成分，和中草药合理搭配来烹饪，更能起到滋补和预防疾病的作用。

2.注重酸碱平衡

湘菜很注重食物的酸碱平衡。例如，肉类属酸性食物，烹调时就会加入一些碱性食物，如青椒、红椒、豆制品、菌类等；醋是弱碱性食物，能促进人的消化吸收，加入红烧鱼、红烧排骨之类的菜肴中，可使原料中的钙游离出来从而便于人体吸收，也使菜肴的口感更佳；鱼是酸性食物，豆腐是碱性食物，湘菜中将鱼与豆腐共同烹饪，不但有酸碱调和作用，而且更利于人体对钙和蛋白质的吸收。

3.豆类菜肴丰富

湘菜中的豆类及豆制品菜肴丰富多样。豆类所含蛋白质、矿物质、维生素及膳食纤维均较丰富，营养价值高。用某些豆类制成品，如香干入菜，也是湘菜的特色之一。

4.鱼类菜肴丰富

湖南是“鱼米之乡”，因此湘菜中鱼类菜肴所占比例很大。与畜肉和禽肉相比，鱼类含有丰富的蛋白质，而脂肪的含量却很低，而且脂肪主要是由不饱和脂肪酸组成。此外，鱼类还含有丰富的钙、磷、铁、锌、硒等多种矿物质和微量元素，以及多种脂溶性和水溶性维生素，因此具有极高的营养价值。

5.发酵食物丰富

湖南人大多嗜食发酵食物，如臭豆腐、腐乳、豆豉、腊八豆、酸菜、泡菜等。一般情况下，食物经过发酵后，其营养成分更利于被人体吸收，经发酵的豆类或豆制品，其 B 族维生素含量还会明显增加。酸菜和泡菜含有大量乳酸和乳酸菌，能抑制病菌的生长繁殖，增强消化能力、预防便秘，使消化道保持良好的功能状态，还有防癌作用。当然，酸菜、泡菜中也含有亚硝酸盐等不利于人体的物质，因此，对于发酵类食物要适量食用。

6.保护食物营养

湘菜在烹调过程中很注意保护食物的营养。任何食物在加热烹制过程中都会损失不少营养物质，湘菜在烹调中特别注意这一点，凡能生吃的尽量生吃，能低温处理的绝不高温处理。此外，用淀粉类上浆、挂糊、勾芡，不但能改善菜肴的口感，还可保持食材中的水分、水溶性营养成分的浓度，使原料内部受热均匀而不直接和高温油接触，蛋白质不会过度变性，维生素也可少受高温的分解破坏，更减轻了营养物质与空气接触而被氧化的程度。

湘菜的特色调味品

1.腊八豆

腊八豆是将黄豆用清水泡胀后煮至烂熟，捞出沥干，摊晾后放入容器中发酵，发酵好后再用调料拌匀，放入坛子中腌渍而成。腊八豆含有氨基酸、维生素、功能性短肽、大豆异黄酮等多种营养成分，有开胃消食的功效，对营养不良也有一定的食疗作用。

2.玉和醋

玉和醋是湘菜中传统的调味品，它以优质糯米为主要原料，以紫苏、花椒、茴香、盐为辅料，以炒焦的草米为着色剂制作而成。从原料加工到酿造，再到成品包装，各道工序的操作规程极为严格。产品制成后，要储存一两年后方可出厂销售。玉和醋具有浓而不浊、芳香醒脑、酸而鲜甜的特点，具有开胃生津、和中养颜、醒脑提神等功效。

3.湘潭酱油

湘潭制酱历史悠久，湘潭酱油以汁浓郁、色乌红、香温馨被称为“色香味三绝”。据《湘潭县志》记载，早在清朝初年，湘潭就有了制酱作坊。湘潭酱油选料、制作乃至储器都十分讲究，其主料采用脂肪、蛋白质含量较高的澧河黑口豆、荆河黄口豆和湘江上游所产的鹅公豆，辅料盐专用福建结晶子盐，胚缸则用体薄传热快、久储不变质的苏缸。生产中，浸子、蒸煮、拦料、发酵、踩缸、晒坯、取油七道工序，环环相扣，严格操作，一丝不苟。用独特的传统工艺酿造的湘潭酱油久贮无浑浊、无沉淀、无霉花，深受人们的喜爱。

4.茶陵紫皮大蒜

茶陵紫皮大蒜因皮紫肉白而得名，是茶陵地方特色品种，与生姜、白芷同誉为“茶陵三宝”。茶陵大蒜是一个经过多年选育、逐渐形成的地方优良品种，具有个大瓣壮、皮紫肉白、含大蒜素高等优点。

5.永丰辣酱

永丰辣酱以本地所产的一种肉质肥厚、辣中带甜的灯笼椒为主要原料，掺拌一定分量的小麦、黄豆、糯米，依传统配方晒制而成。其色泽鲜艳，芳香可口，具有开胃健脾、增进食欲、帮助消化、散寒祛湿等功效。

6.浏阳河小曲

浏阳河小曲以优质高粱、大米、糯米、小麦、玉米等为主要原料，利用自然环境中的微生物，在适宜的温度与湿度条件下扩大培养，成为酒曲。酒曲具有使淀粉糖化和发酵酒精的双重作用，数量众多的微生物群在酿酒发酵的同时代谢出各种微量香气成分，形成了浏阳河小曲的独特风格。

7.辣妹子辣椒酱

辣妹子辣椒酱精选上等红尖椒，细细碾磨成粉，再加上大蒜、八角、桂皮、香叶、茶油等香料，运用独门秘方小火熬成。辣妹子辣椒酱辣味醇浓、口感细腻、色泽鲜美，富含铁、钙、维生素等多种营养成分。

8.浏阳豆豉

浏阳豆豉以其色、香、味、形俱佳的特点成为湘菜调味品中的佳品。浏阳豆豉是以泥豆或小黑豆为原料，经过发酵精制而成，其颗粒完整匀称、色泽浆红或黑褐、皮皱肉干、质地柔软、汁浓味鲜、营养丰富，且久贮不发霉。浏阳豆豉加水泡胀后，是烹饪菜肴的调味佳品，有酱油、味精所不及的鲜味。

湘菜的制作方法

1.炖

炖的基本方法是将原料经过炸、煎、煸或水煮等熟处理方法制成半成品，放入容器内，加入冷水，用大火烧开，随即转小火，去浮沫，放入葱、生姜、料酒，长时间加热至原料软烂出锅。炖有不隔水炖和隔水炖两种。不隔水炖是将原料放入容器后，加调味品和水，加盖煮；隔水炖是将原料放入瓷质或陶质的钵内，加调味品与汤汁，用纸封口，放入水锅内，盖紧锅盖煮，也可将原料的密封钵放在蒸笼上蒸炖。此类汤菜汤色较清，原汁原味。湘菜中特色的炖菜有玉米炖排骨、墨鱼炖肉、肚条炖海带、清炖土鸡、淮山炖肚条等。

2.蒸

蒸是以蒸汽为加热介质，通过蒸汽把食物蒸熟的一种烹调方法。将半成品或生料装入盛器，加好调味品（汤汁或清水）上蒸笼蒸熟即成。所使用的火候随原料的性质和烹调要求而有所不同。一般来说，只需要蒸熟不需要蒸烂的菜肴应该使用大火，在水煮沸后上笼速蒸，断生即可出笼，以保持鲜嫩。对一些经过较细致加工的花色菜，则需要用中火徐徐蒸制。如用大火，蒸笼盖应留些空隙，以保持菜肴形状整齐、色泽美观。蒸制菜肴有清蒸、粉蒸之别。蒸菜的特点是可以使原料的营养成分流失较少，菜的味道鲜美。时至今日，蒸仍然是普遍使用的烹饪方法，剁椒蒸鱼头更成为湘菜的代表菜，火遍全国。

3.汆

汆用来烹制大火速成的汤菜。选娇嫩的原料，切成小片、丝或剁蓉做成丸子，在含有鲜味的沸汤中汆熟。也可将原料在沸水中烫熟，装入汤碗内，随即浇上滚开的鲜汤。

4.焖

焖是将经过油煎、煸炒或焯水的原料，加汤水及调味品后密盖，用大火烧开，再用中小火较长时间烧煮，至原料酥烂而成菜。焖菜要将锅盖严，以保持锅内恒温，促使原料酥烂，即所谓“千滚不抵一焖”。

焖要求添汤要一次成，不要中途添加汤水。焖菜时最好随时晃锅，以免原料粘底，还要注意保持原料的形态完整，不碎不裂，其成品汁浓味厚，酥烂鲜醇。湘菜的焖制，主要取料于本地的水产与禽类，具有浓厚的乡土风味。焖因原料生熟不同，有生焖、熟焖；因传热介质不同，有油焖、水焖；因调味料不同，有酱焖、酒焖、糟焖；因成菜色泽不同，有红焖、黄焖等。用焖法烹制的湘菜有黄焖鳝鱼、油焖冬笋、醋焖鸭等。

5.炸

炸属于油熟法，是以油作为传热媒介制作菜肴的烹调方法。炸、熘、爆、炒、煎、贴等都是常用的油熟法。可用于整只原料（如整鸡、整鸭、整鱼等），也可用于轻加工成型的小型原料（如丁、片、条、块等）。炸可分为清炸、干炸、软炸、酥炸、卷包炸和特殊炸等，成品酥、脆、松、香。

6.焯

焯水是将初步加工的原料放在开水锅中加热至半熟或全熟，取出以备进一步烹调或调味。它是冷拌菜不可缺少的一道工序，对菜肴的色、香、味，特别是色起着关键作用。

7.涮

用火锅把水烧沸，再把主料切成薄片，放入火锅涮片刻，变色刚熟即夹出，蘸上调好的调味汁食用，边涮边吃，这种特殊的烹调方法叫涮。涮的特点是能使主料鲜嫩，汤味鲜美，一般由食用者根据自己的喜好，掌握涮的时间和调料口味。主料的好坏、片形的厚薄、火锅的大小、火力的大小、调味汁的好坏，都对涮菜起着重要影响。

8.煨

煨是将加工处理过的原料先用开水焯烫，然后放入砂锅中，加足汤水和调料，再用大火烧开，撇去浮沫后加盖，改用小火长时间加热，直至汤汁黏稠、原料完全松软成菜的技法。

9.烩

烩是指将原料油炸或者煮熟后改刀，放入锅内加辅料、调料、高汤烩制的一种烹饪方法。具体做法是将原料投入锅中略炒，或在滚油中过油，或在沸水中略烫之后，再放入锅内，加水或浓肉汤，加作料，用大火煮片刻，然后加入芡汁拌匀至熟。这种方法多用于烹制鱼虾、肉丝和肉片，如烩鱼块、肉丝、鸡丝、虾仁之类。

10.卤

卤是冷菜的烹调方法，也有热卤，即将经过初加工处理的家禽家畜肉放入卤水中加热浸煮，待其冷却即可。

卤水制作：锅洗净上火烧热，锅滑油后放入白糖，中火翻炒，白糖粒渐溶，成为白糖液，见白糖液由浅红变深红色，出现黄红色泡沫时，放入清水500毫升，稍沸即成白糖水色，作为调色备用。将备好的香料（最好打碎一点儿）用纱布袋装好，用绳扎紧备用。将锅置中火上，下食用油100毫升，下入生姜、葱爆炒出香味，放清水、药袋、酱油、盐、料酒，一同烧至微沸，转小火煮约30分钟，弃掉生姜、葱，加入味精，撇去浮沫即成。

湘菜的烹调特色

1.湘菜的食材

湖南地处长江中游南部，气候温和，雨量充沛，土质肥沃，物产丰富，素有“鱼米之乡”的美誉。优越的自然条件和富饶的物产，为千姿百态的湘菜在选料方面提供了源源不断的物质条件。举凡空中的飞禽，地上的走兽，水中的游鱼，山间的野味，都是入菜的佳选。至于各类瓜果、时令蔬菜和各地的土特产，更是取之不尽、用之不竭的饮食资源。

湘菜注重选料。植物性原料，选用生脆不干缩、表面光亮滑润、色泽鲜艳、菜质细嫩、水分充足的蔬菜，以及色泽鲜艳、壮硕、无疵点、气味清香的瓜果等。动物性原料，除了注意新鲜、宰杀前活泼、肥壮等因素外，还讲求熟悉各种肉类的不同部位，进行分档取料；根据肉质的老嫩程度和不同的烹调要求，做到物尽其用。例如炒鸡丁、鸡片，用嫩鸡；煮汤，选用老母鸡；卤酱牛肉选牛腱子肉，而炒、熘牛肉片、丝则选用牛里脊。

2.湘菜的配料

湘菜的品种丰富多元，与配料上的精巧细致和变化无穷有着密切的关系。一道菜肴往往由几种乃至十几种原料配成，一席菜肴所用的原料就更多了。湘菜的配料一般从数量、口味、质地、造型、颜色五个因素考虑。常见的搭配方法包括：

叠：用几种不同颜色的原料，加工成片状或蓉状，再互相间隔叠成色彩相间的厚片。

穿：用某些适当的原料穿在某种材料的空隙处。

卷：将带有韧性的原料，加工成较大的片，片中加入用其他原料制成的蓉、条、丝、末等，然后卷起。

扎：把加工成条状或片状的原料，用黄花菜、海带、青笋干等捆扎成一束一束的形状。

排：利用原料本身的色彩和形状，排成各种图案，能产生良好的配料效果。

3.湘菜的调味料

湘菜的调味料很多，常用的有白糖、醋、辣椒、胡椒、香油、酱油、料酒、味精、果酱、蒜、葱、姜、桂皮、大料、花椒、五香粉等。众多的调味料经过精心调配，形成多种多样的风味。湘菜历来重视利用调味使原料互相搭配，滋味互相渗透，交汇融合，以达到去除异味、增加美味、丰富口味的目的。

湘菜调味时会根据不同季节和不同原料区别对待，灵活运用。夏季炎热，宜食用清淡爽口的菜肴；冬季寒冷，宜食用浓腻肥美的菜肴。烹制新鲜的鱼虾、肉类，调味时不宜太咸、太甜、太辣或太酸。这些食材本身都很鲜美，若调味不当，会将原有的鲜味盖住，喧宾夺主。再如，鱼、虾有腥味，牛、羊肉有膻味，应加糖、料酒、葱、姜之类的调味料去腥膻。对本身没有显著味道的食材，如鱼翅、燕窝等，调味时需要酌加鲜汤，补其鲜味不足。这就是常说的“有味者使之出味，无味者使之入味”。

第一章

素菜类

素菜通常是指用蔬菜、豆制品、菌类、干鲜果等植物性原料烹饪的菜肴，具有口味清新、营养丰富、容易消化的特点。素菜含有非常丰富的维生素、蛋白质、水以及少量的脂肪、糖类等营养物质，经常食用有利于保持身体健康。

口味 清淡　适合人群 一般人群　烹饪方法 拌

凉拌藠头

藠头含有蛋白质、钙、磷、铁、胡萝卜素、维生素C等多种营养物质，具有健胃消食、排毒养颜的功效，还可以抑制胆固醇合成和降低血压，从而预防动脉硬化和心血管疾病。此外，藠头还可用于辅助治疗关节炎、慢性胃炎等症。

材料

藠头	200 克	鸡精	2 克
朝天椒	15 克	香油	5 毫升
盐	3 克	生抽	6 毫升

藠头

朝天椒

盐

鸡精

小贴士

如果要炒食藠头，可以先将其头部处理好，拍扁，用盐腌一会儿，然后下锅，用锅铲压扁，逼出黏汁，这样炒出来的藠头比较入味。

制作指导

制作此菜肴时，可加入少许辣椒油，不仅能增添菜肴的色泽，而且能提升口感。

做法演示

1. 将洗净的朝天椒切成圈。

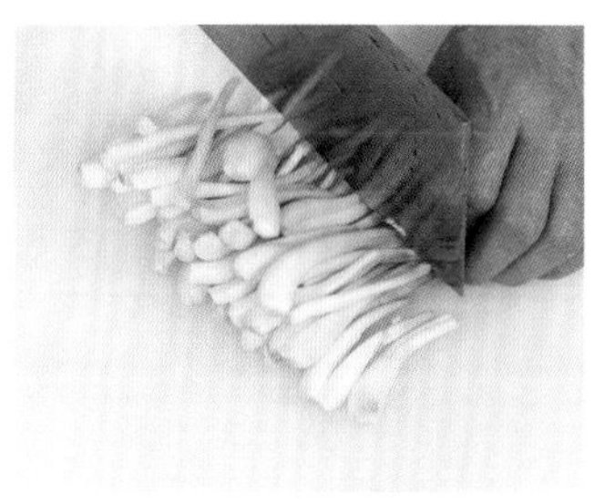
2. 将洗净的藠头修齐整。

3. 锅中加水烧开，加入盐、鸡精、藠头拌匀。

4. 煮约 1 分钟至熟后，捞出沥干水分。

5. 将煮熟的藠头装入碗中，放入切好的朝天椒。

6. 加入生抽、盐、鸡精，用筷子搅拌一会儿，使其入味。

7. 淋入少许香油拌匀。

8. 将拌好的藠头夹入盘中。

9. 再放上朝天椒即可。

口味 辣 适合人群 一般人群 烹饪方法 炒

豆角炒茄子

茄子的营养非常丰富，含有蛋白质、脂肪、碳水化合物、维生素以及钙、磷、铁等多种营养成分。其所含的维生素 E 有防止出血和抗衰老的功效，常吃茄子可以降低血液中的胆固醇，对延缓人体衰老具有积极的作用。

材料

茄子	150 克	白糖	1 克
豆角	100 克	味精	1 克
干辣椒	10 克	鸡精	2 克
蒜末	10 克	食用油	适量
盐	2 克		

茄子

豆角

干辣椒

蒜末

小贴士

豆角在烹调前应将豆筋摘除，否则既影响口感，又不易消化。豆角的烹煮时间宜长不宜短，要保证熟透。

制作指导

茄子中所含的酸性物质遇氧气会变黑，切开后的茄子可放入清水中浸泡，待用时再取出，这样可保持原色。

做法演示

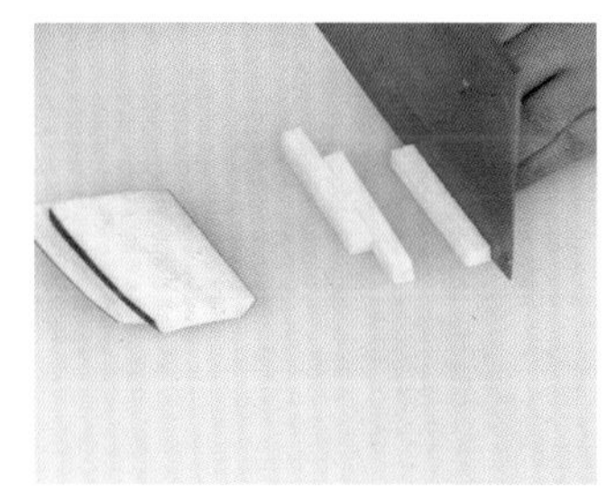
1. 将洗净去皮的茄子切成条。

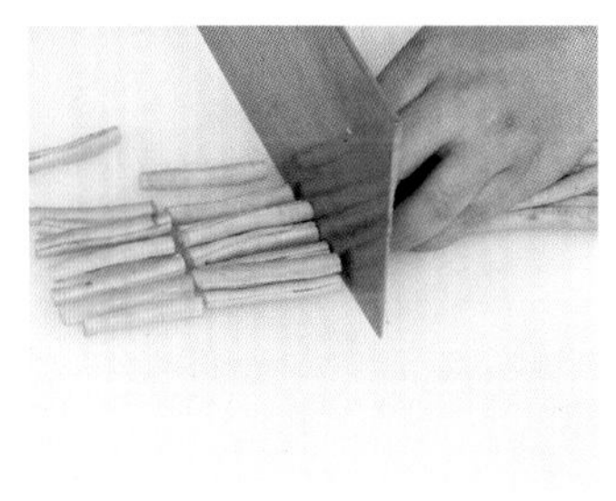
2. 将洗净去蒂去筋的豆角切成约 4 厘米长的段。

3. 炒锅注油，烧至五成热，倒入茄子炸至熟透，捞出。

4. 放入豆角炸约 1 分钟至熟后，捞出备用。

5. 将炸好的茄子、豆角装入盘中，备用。

6. 锅内注油烧热，倒入蒜末、洗好的干辣椒爆香。

7. 倒入炸熟的茄子、豆角。

8. 加入盐、白糖、味精、鸡精，拌炒至入味。

9. 盛出装盘即成。

口味 **酸** 适合人群 **高血压患者** 烹饪方法 **拌**

酸辣芹菜

芹菜含铁量较高，是缺铁性贫血患者的佳蔬，还是辅助治疗高血压及其并发症的首选蔬菜。芹菜含有大量的粗纤维，可刺激胃肠蠕动，促进排便。芹菜的叶、茎含有挥发性物质，别具芳香，能刺激人的食欲。

材料

芹菜	150 克	白糖	2 克
红椒丝	15 克	白醋	5 毫升
蒜末	10 克	香油	5 毫升
盐	3 克	辣椒油	少许
味精	2 克		

芹菜

红椒丝

蒜末

盐

小贴士

挑选芹菜时，应选择菜梗短而粗壮、菜叶翠绿而稀少者。品质好的芹菜色泽鲜绿，叶柄较厚，茎部稍呈圆形，内侧微向内凹。

制作指导

芹菜叶中所含的胡萝卜素和维生素 C 比芹菜茎中的还多，因此吃芹菜时，要把能吃的嫩叶留下。

做法演示

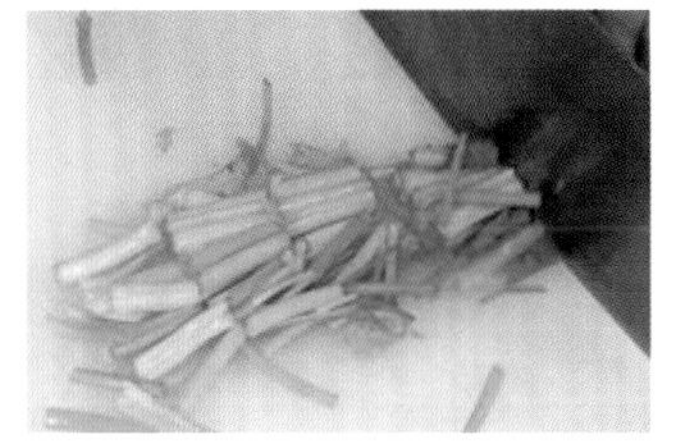
1. 将洗净的芹菜切段。

2. 将芹菜段放入沸水锅中，焯至断生。

3. 用漏勺捞出芹菜。

4. 将芹菜沥干水分后装入碗中。

5. 倒入蒜末和红椒丝。

6. 加入盐、味精、白糖。

7. 淋上白醋。

8. 倒入辣椒油。

9. 再放入香油。

10. 用筷子搅拌均匀。

11. 将拌好的芹菜盛入盘中。

12. 装好盘，即可食用。

口味 酸　适合人群 女性　烹饪方法 炒

酸辣冬瓜

冬瓜富含的丙醇二酸能有效控制体内的糖类转化为脂肪，防止体内脂肪堆积，还能把多余的脂肪消耗掉，对预防高血压、动脉粥样硬化有良好的效果。此外，冬瓜的美容功效也很显著，女性可以经常食用。

材料

冬瓜	300 克	味精	2 克
干辣椒	10 克	鸡精	2 克
蒜末	10 克	白醋	5 毫升
葱花	10 克	水淀粉	适量
豆瓣酱	20 克	食用油	少许
盐	3 克		

冬瓜

干辣椒

蒜末

葱花

小贴士

冬瓜性寒，冬季不宜常吃多吃，否则容易积寒，对脾胃不利。为避免寒气在体内沉积，每周吃冬瓜不宜超过三次。将冬瓜和性温的红薯一起煮粥，能起到暖胃的作用。

制作指导

冬瓜片切得薄一点，这样可以缩短成菜的时间。

做法演示

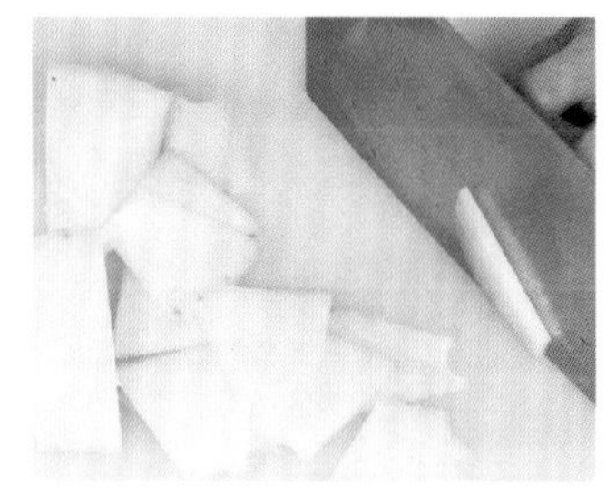
1. 将去皮洗净的冬瓜切成薄片。

2. 锅中注入少许食用油烧热，入干辣椒、蒜末爆香。

3. 倒入冬瓜，翻炒至五成熟。

4. 加盐、味精、鸡精调味。

5. 倒入少许清水，炒至入味。

6. 放入白醋、豆瓣酱，翻炒至熟透。

7. 用水淀粉勾芡。

8. 转小火炒匀。

9. 出锅装盘，撒上葱花即成。

口味 辣　适合人群 女性　烹饪方法 炒

酸辣土豆丝

土豆含有大量的碳水化合物，并含有蛋白质、矿物质、维生素等营养成分，具有健脾和胃、益气调中等功效。土豆还含有大量的优质纤维素，能帮助带走体内的油脂和垃圾，具有一定的通便排毒作用。

材料

土豆	200 克	鸡精	3 克
红椒	10 克	白醋	5 毫升
葱	10 克	香油	5 毫升
盐	3 克	食用油	适量
白糖	3 克		

土豆　红椒　葱　盐

小贴士

如果喜欢爽脆的口感，可以在土豆丝炒至断生后就出锅，装盘后菜的余温会继续使土豆丝熟制；如果喜欢绵软的口感，可以适当延长土豆丝的炒制时间，炒至全熟后再出锅。

制作指导

土豆切丝后，用清水浸泡一段时间，炒制后口感会更加爽脆。

做法演示

1. 将土豆去皮洗净切丝，盛入碗中，加清水浸泡。

2. 将红椒洗净切丝。

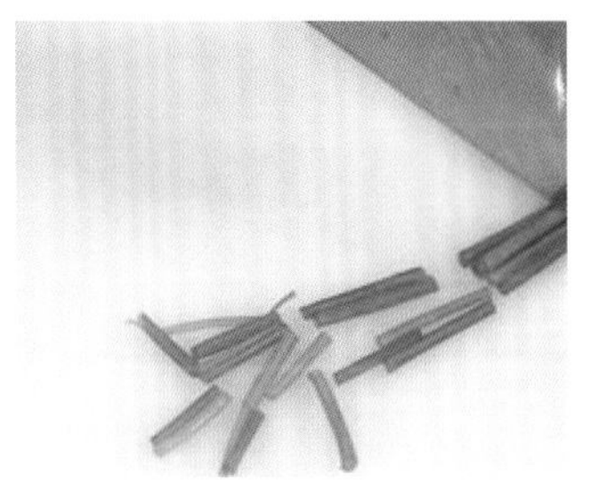

3. 将葱洗净，将葱白、葱叶分别切段。

4. 热锅注油，倒入土豆丝、葱白翻炒片刻。

5. 加入适量盐、白糖、鸡精调味。

6. 炒约 1 分钟后，倒入适量白醋拌炒均匀。

7. 倒入红椒丝、葱叶炒匀。

8. 淋入少许香油拌匀。

9. 出锅装盘即成。

口味 **辣**　适合人群 **一般人群**　烹饪方法 **炒**

尖椒炒土豆丝

土豆性平味甘，具有和胃调中、益气健脾、强身益肾、消炎、活血消肿等功效，可辅助治疗习惯性便秘、神疲乏力、慢性胃痛、关节疼痛、皮肤湿疹等症。土豆对消化不良有较好的辅助疗效，它还是胃病和心脏病患者的优质保健食物。

材料

土豆	200 克	蒜末	10 克
青椒	20 克	盐	3 克
红椒丝	10 克	味精	2 克
葱白	10 克	食用油	适量

土豆

青椒

红椒丝

葱

小贴士

去皮的土豆放在冷水中，加入少许醋，可使土豆不变色。把土豆放入热水中稍微浸泡，再放入冷水中，易削去外皮。

制作指导

烹饪此菜的关键是大火快炒，这样不容易粘锅；还要注意土豆丝泡水的时间不宜太长，以免水溶性维生素流失掉。

做法演示

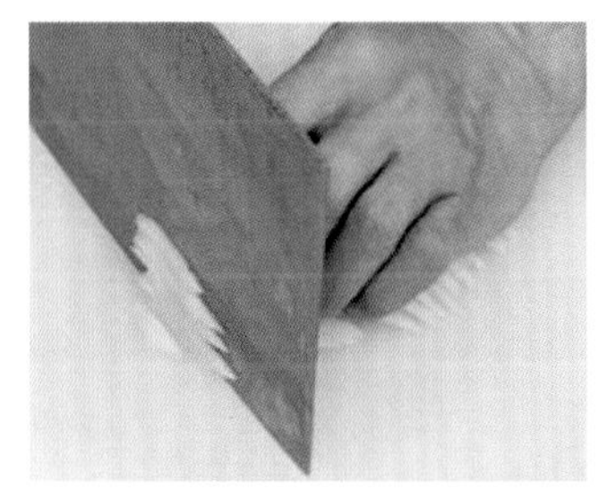
1. 将去皮洗净的土豆切成丝。

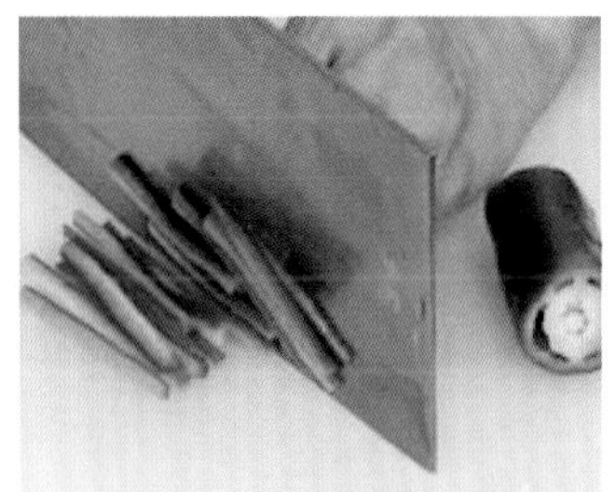
2. 将洗净的青椒切成丝。

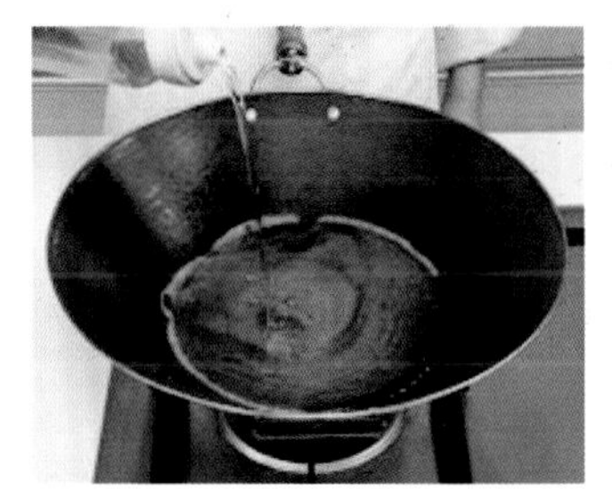
3. 锅中注入清水，加入食用油煮沸。

4. 倒入青椒丝、土豆丝，焯煮片刻后捞出。

5. 热锅注油烧热，倒入红椒丝、葱白、蒜末爆香。

6. 再倒入青椒丝、土豆丝，炒约 2 分钟至熟透。

7. 加入盐、味精。

8. 淋入热油炒匀。

9. 盛入盘内即可。

口味 辣　适合人群 高脂血症患者　烹饪方法 炒

豆豉辣炒年糕

豆豉中含有多种营养素，可以改善胃肠道菌群。豆豉中还含有很高的豆激酶，而豆激酶具有溶解血栓的作用。常吃豆豉还可以帮助消化、预防疾病、延缓衰老、增强脑力、降低血压、消除疲劳、减轻病痛和提高肝脏解毒功能等。

材料

年糕	200 克	辣椒酱	35 克
豆豉	30 克	盐	3 克
油菜	50 克	味精	2 克
生姜片	5 克	鸡精	2 克
蒜末	6 克	食用油	适量
红椒圈	10 克		

小贴士

煮稀饭时放入年糕块，可作为早餐，既好吃又耐饥；煲饭时，放上几块年糕，待饭好后直接食用，米香扑鼻。

制作指导

年糕最好切成厚 1 厘米左右，放入热油锅中稍微炸一下，然后再进行烹制。

做法演示

1. 锅中加水烧开，加入少许食用油，倒入洗净切好的年糕。

2. 煮约 3 分钟，至年糕煮软。

3. 捞出沥干，盛入盘中备用。

4. 锅中加入少许盐，倒入洗净的油菜拌匀。

5. 焯熟后捞出。

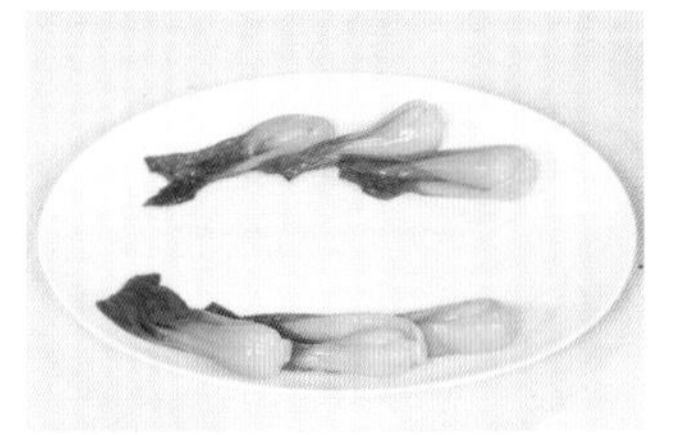

6. 摆在盘中。

7. 起油锅烧热，放入生姜片、蒜末、红椒圈、豆豉炒香。

8. 倒入年糕，加少许清水炒匀。

9. 倒入辣椒酱，炒至入味。

10. 加盐、味精、鸡精调味。

11. 淋入少许水炒匀。

12. 盛出装盘即可。

口味 辣　适合人群 糖尿病患者　烹饪方法 炒

豆豉蒜末莴笋片

莴笋肉质细嫩，不仅是营养丰富的食材，还具有一定的药用价值。莴笋具有镇静作用，经常食用有助于消除紧张、改善睡眠。莴笋含糖量低，但烟酸含量较高，烟酸被视为胰岛素的激活剂，因此，莴笋很适合糖尿病患者食用。

材料

莴笋	200 克	盐	3 克
红椒	40 克	味精	3 克
蒜末	15 克	水淀粉	少许
豆豉	30 克	食用油	适量

莴笋

红椒

蒜末

豆豉

小贴士

挑选莴笋时应注意，以叶茎鲜嫩，最好剥叶后笋白占笋身四分之三以上、直径 5 厘米以上，且以老根少、没有烂伤的为佳。

制作指导

莴笋片焯水时，一定要注意时间和温度，焯的时间过长、温度过高会使莴笋片绵软，失去清脆的口感。

做法演示

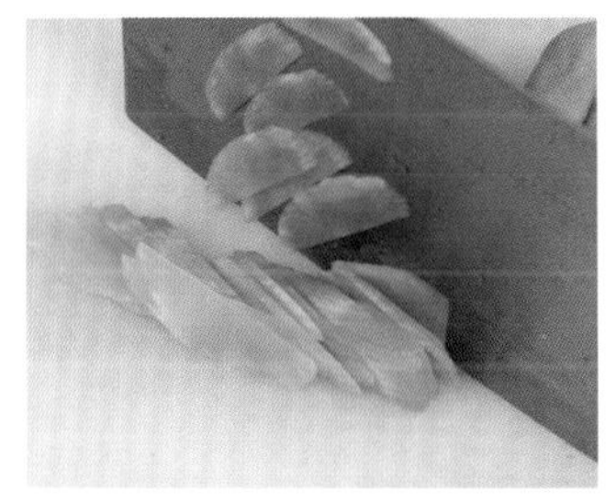
1. 将去皮洗净的莴笋切成片。

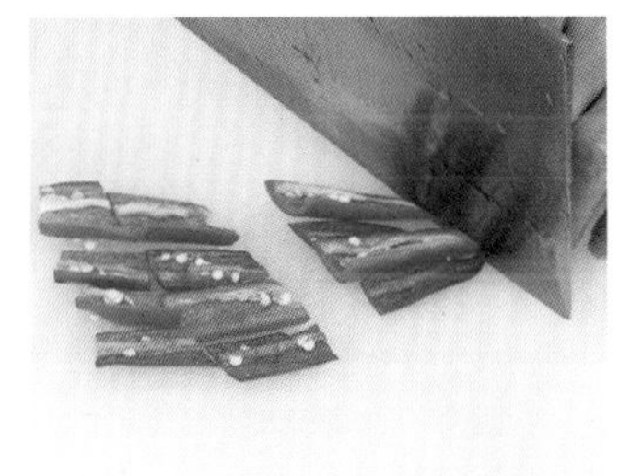
2. 将洗好的红椒去掉蒂和籽，切片。

3. 锅中注水烧开，加入盐、食用油拌匀，放入莴笋，煮沸后捞出莴笋，备用。

4. 锅中注入食用油烧热，倒入蒜末、豆豉爆香。

5. 倒入莴笋片拌炒。

6. 再倒入红椒片，加入盐、味精炒匀。

7. 加入少许水淀粉勾芡。

8. 再淋入少许熟油拌匀。

9. 盛入盘内即可。

口味 辣　适合人群 女性　烹饪方法 炒

手撕包菜

包菜的热量和脂肪含量都很低，但是维生素、膳食纤维和微量元素的含量却很高，是一种很好的减肥食物。包菜和辣椒同食，可以促进肠胃蠕动，快速排出身体内的垃圾，从而起到排毒瘦身的效果。

材料

包菜	300 克	鸡精	2 克
蒜末	15 克	味精	2 克
干辣椒	10 克	食用油	适量
盐	3 克		

包菜

蒜末

干辣椒

盐

小贴士

手撕的包菜下锅前，宜用凉水稍加浸泡，捞出将水分控干后再下锅，这样菜叶会特别脆。包菜下锅翻炒时，要用大火，这样炒出来的菜肴才会脆香。

制作指导

烹饪此菜肴时，可加入一些花椒，如果不喜欢吃到整粒的花椒，可以在花椒炸出香味后将其挑出，再进行烹饪。

做法演示

1. 将洗净的包菜叶撕成片。

2. 热锅注油，烧热后倒入蒜末爆香。

3. 倒入洗好的干辣椒炒香。

4. 倒入包菜，翻炒均匀。

5. 淋入少许清水，继续炒 1 分钟至包菜熟软。

6. 加入盐、鸡精、味精。

7. 翻炒至入味。

8. 盛入盘中。

9. 摆好盘即成。

口味 清淡　适合人群 一般人群　烹饪方法 炒

农家小炒芥蓝

芥蓝不仅口感爽脆，而且含有丰富的维生素 A、维生素 C、钙、蛋白质、脂肪、纤维素和植物糖类，具有利水化痰、解除劳乏、清心明目、去热气、下虚火、润肠、止牙龈出血的功效，还可以起到消热解暑的作用。

材料

芥蓝	200 克	味精	1 克
蒜末	10 克	料酒	5 毫升
生姜片	10 克	蚝油	6 毫升
葱白	10 克	水淀粉	适量
胡萝卜片	10 克	食用油	适量
盐	2 克		

芥蓝

蒜末

生姜

葱

小贴士

芥蓝中含有大量膳食纤维，能防止便秘、降低胆固醇、软化血管，还可以预防心脏病。芥蓝有苦味，烹饪时加入少量白糖和酒，可以改善口感。

制作指导

芥蓝梗粗，不易熟透，因此烹饪时可多加些水，炒的时间也可长一些。

做法演示

1. 将洗净的芥蓝切段。

2. 锅中注水烧开，加入食用油，倒入芥蓝拌匀。

3. 煮约 1 分钟，捞出备用。

4. 再倒入胡萝卜片，煮约 1 分钟，捞出备用。

5. 油锅烧热，倒入蒜末、生姜片、葱白爆香。

6. 倒入芥蓝、胡萝卜片，炒约 1 分钟至熟。

7. 加入料酒、盐、味精、蚝油，炒至入味。

8. 加入少许水淀粉勾芡。

9. 加入少许熟油炒匀，盛入盘内即可。

口味 辣　适合人群 孕产妇　烹饪方法 炒

香炒蕨菜

蕨菜的营养价值很高，它含有丰富的蛋白质、碳水化合物、矿物质、粗纤维、胡萝卜素和多种维生素等营养物质。其所含的粗纤维可以促进胃肠蠕动，具有清肠排毒的作用，尤其适合便秘者和孕产妇食用。

材料

蕨菜	300 克	盐	3 克
蒜苗段	30 克	味精	3 克
干辣椒	10 克	蚝油	5 毫升
蒜末	10 克	水淀粉	适量
葱白	10 克	食用油	适量

蕨菜

蒜苗

干辣椒

蒜末

小贴士

炒制蕨菜时，可配以鸡蛋、肉类，味道更鲜美，营养更丰富。

制作指导

焯烫后的蕨菜，可放入凉水中浸泡 30 分钟以上再炒制，这样不仅能彻底去除蕨菜表面的黏质和土腥味，还可使蕨菜的口感滑润爽口。

做法演示

1. 把洗净的蕨菜切段。

2. 锅中注水烧开后，加入适量盐，再倒入蕨菜。

3. 约煮 2 分钟至入味后，捞出蕨菜。

4. 热锅注油烧热，加入蒜末、葱白和洗好的干辣椒爆香。

5. 倒入蕨菜、蒜苗段炒匀。

6. 加入盐、味精、蚝油炒片刻。

7. 加少许水淀粉勾芡。

8. 再翻炒片刻。

9. 盛入盘内即可。

口味 辣　适合人群 男性　烹饪方法 炒

香辣萝卜干

萝卜干含有蛋白质、糖类、维生素，以及铁、钙、芥子油和淀粉酶，可以降低血脂、软化血管、稳定血压，预防冠心病、动脉硬化、胆结石等疾病，还能促进新陈代谢、增进食欲、化痰清热、帮助消化、化积滞。

材料

萝卜干	300 克	鸡精	3 克
干辣椒	2 克	香油	5 毫升
蒜末	5 克	食用油	适量
葱段	5 克	辣椒酱	少许
盐	3 克	豆瓣酱	适量
味精	3 克		

萝卜干

干辣椒

蒜末

葱

小贴士

正常的干辣椒颜色有点暗，用手摸，手如果变黄，则说明是用硫黄加工过的。仔细闻闻，硫黄加工过的多有硫黄气味。所以不宜选色彩太鲜亮的干辣椒。

制作指导

烹饪此菜时，萝卜干不要选用盐腌过的，最好选直接晒干的。

做法演示

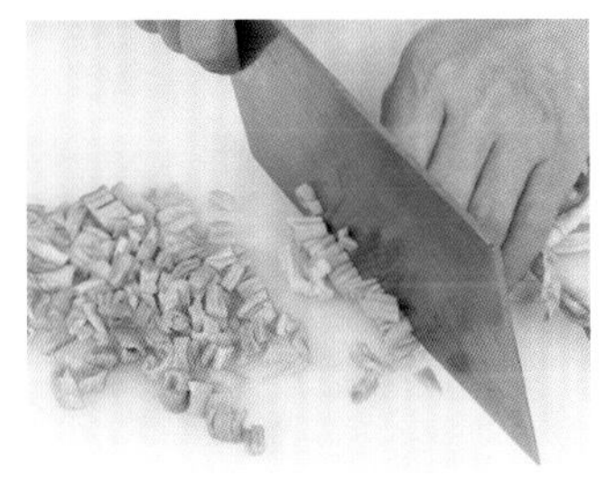
1. 把洗净的萝卜干切成丁。

2. 锅中加水烧开，倒入萝卜干煮约 1 分钟后，捞出。

3. 油锅烧热，倒入蒜末、干辣椒爆香。

4. 倒入萝卜干，炒约 1 分钟。

5. 加入少许盐、味精、鸡精。

6. 再加入适量辣椒酱、豆瓣酱，炒匀调味。

7. 倒入葱段炒匀，再加入少许香油。

8. 继续翻炒均匀至入味。

9. 盛出装盘即可。

口味 辣　适合人群 肠胃病患者　烹饪方法 蒸

剁椒蒸茄子

茄子是为数不多的紫色蔬菜之一，具有很高的营养价值，有保护心血管、清热活血、消肿止痛、祛风通络及延缓衰老的作用。茄子中还含有龙葵碱，能抑制消化系统肿瘤的增殖，对于防治胃癌有一定的食疗效果。

材料

茄子	200 克	生抽	6 毫升
剁椒	30 克	淀粉	适量
蒜末	10 克	食用油	适量
葱花	10 克		

茄子

剁椒

蒜末

葱花

小贴士

茄子皮里含有 B 族维生素，B 族维生素和维生素 C 是一对好搭档，维生素 C 的代谢过程中需要 B 族维生素来支持。所以，建议吃茄子时不要去皮。

制作指导

烹饪此菜时，可将切好的茄条放入加有白醋和盐的凉开水中泡一会儿，可避免茄条变黑。

做法演示

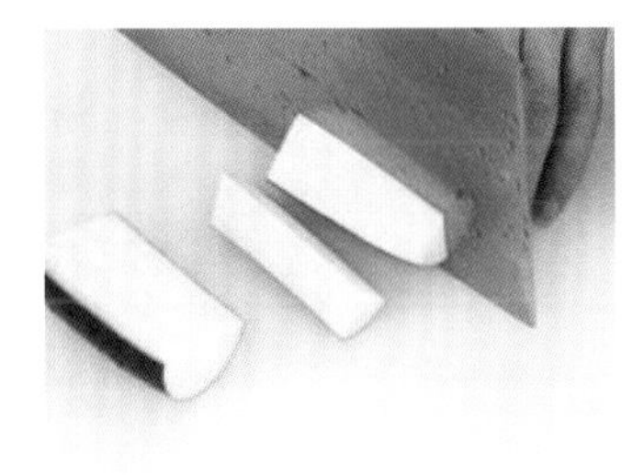
1. 将洗好的茄子切条状，摆入盘中。

2. 在剁椒中加入蒜末、淀粉、食用油拌匀。

3. 将调好的剁椒撒在茄子上。

4. 将茄子放入蒸锅。

5. 加盖，大火蒸 5 分钟至熟。

6. 揭开锅盖，取出蒸熟的茄子。

7. 锅中加少许食用油烧热，将热油浇在茄子上。

8. 再淋入适量的生抽。

9. 撒上葱花即成。

口味 辣　适合人群 一般人群　烹饪方法 炒

蒜苗炒烟笋

蒜苗中含有蛋白质、胡萝卜素、维生素 B_1 等营养成分。它的辣味主要来自于其含有的辣素，这种辣素具有醒脾气、消积食的作用。此外，蒜苗还具有良好的杀菌、抑菌作用，能有效预防流感、肠炎等因环境污染引起的疾病。

材料

蒜苗	100 克	味精	2 克
红椒	20 克	鸡精	2 克
烟笋	100 克	水淀粉	适量
干辣椒	10 克	辣椒油	少许
盐	3 克	食用油	适量

蒜苗　　红椒

烟笋

干辣椒

小贴士

优质蒜苗大都叶子柔嫩、叶尖不干枯，茎秆粗壮、整齐洁净、不易折断。

制作指导

烹饪此菜时要注意，蒜苗入锅烹制的时间不宜过长，否则会破坏其中的辣素，从而降低其杀菌作用。

做法演示

1. 将洗净的红椒切片。

2. 将择洗干净的蒜苗切段。

3. 热锅注油，倒入洗好的干辣椒和红椒片爆香。

4. 倒入部分蒜苗炒匀，再倒入洗净切好的烟笋，翻炒片刻。

5. 加入辣椒油，炒 1 分钟至熟。

6. 加入盐、味精、鸡精调味。

7. 倒入剩余的蒜苗炒匀。

8. 加入少许水淀粉勾芡，并拌炒均匀。

9. 盛入盘内即可。

口味 鲜　适合人群 女性　烹饪方法 炒

豆豉香干炒青豆

青豆富含蛋白质、脂肪、胡萝卜素、维生素 C、亚油酸，以及钙、铁、硒等营养素，具有养颜润肤、改善食欲不振、健脾宽中、润燥消水、清热解毒、益气等功效。多食青豆还可以促进大脑发育、提高记忆力。

材料

香干	200 克	盐	3 克
青豆	100 克	水淀粉	适量
青椒	10 克	味精	3 克
红椒	15 克	鸡精	3 克
豆豉	10 克	生抽	3 毫升
蒜末	5 克	食用油	适量
生姜片	5 克	香油	少许
葱白	5 克		

小贴士

豆豉有发汗解表、清热透疹、宽中除烦、宣郁解毒的功效，可辅助治疗感冒头痛、胸闷烦呕、伤寒寒热及食物中毒等症。

制作指导

煮青豆时加入适量盐，可使其颜色更翠绿，因为盐能使叶绿素趋于稳定，从而防止其颜色被破坏。

做法演示

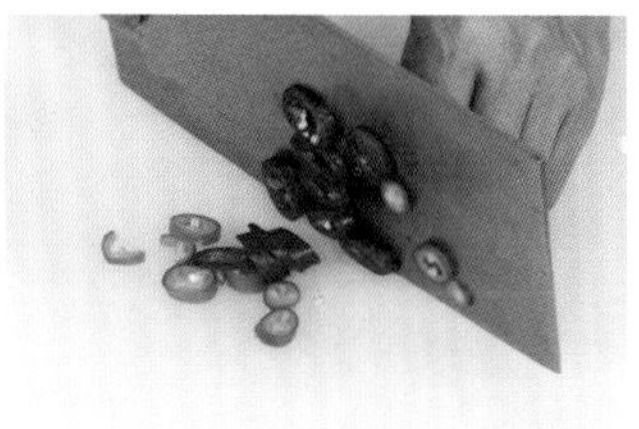

1. 将洗净的青椒、红椒切圈。

2. 将洗净的香干切成小块。

3. 锅中加水烧开，再加食用油。

4. 倒入洗净的青豆煮沸，再倒入香干煮沸，捞出。

5. 油锅烧热，倒入生姜片、蒜末、葱白、豆豉。

6. 加入切好的青椒、红椒炒香。

7. 加入焯水后的香干和青豆，炒匀。

8. 加入少许盐、味精、鸡精调味。

9. 倒入适量生抽炒匀调味。

10. 加水淀粉勾芡。

11. 加少许香油，炒匀至熟透。

12. 盛入盘中即可。

口味 辣　适合人群 一般人群　烹饪方法 蒸

蒜蓉蒸茄子

茄子对心血管疾病、慢性胃炎、肾炎水肿、便秘患者以及患有疥疮的人的康复十分有益，对提高机体的免疫力也有一定的作用。此外，茄子中含有一种叫茄碱的物质，具有抗氧化和抑制癌细胞的作用。

材料

茄子	200 克	鸡精	2 克
红椒	10 克	生抽	5 毫升
蒜蓉	20 克	香油	少许
葱花	5 克	食用油	适量
盐	3 克	芹菜叶	少许

小贴士

在茄子的萼片与果实连接的地方，有一个白色略带淡绿色的带状环，它叫茄子的“眼睛”。“眼睛”越大，表示茄子越嫩；“眼睛”越小，表示茄子越老。

制作指导

茄子的厚度要切均匀，还要把握好茄子蒸制的时间，以免蒸得太老。

做法演示

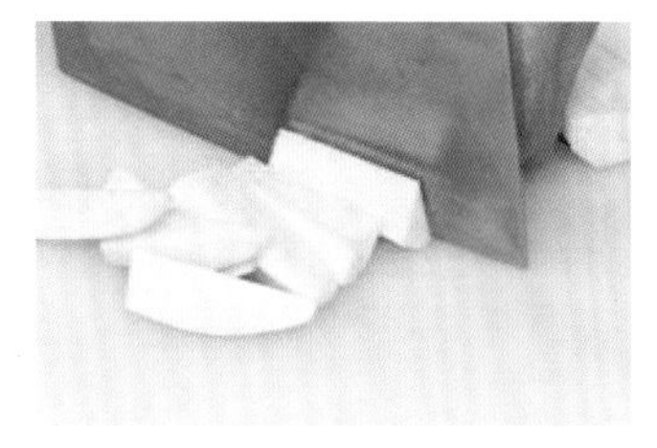

1. 茄子洗净去皮，切成长段，再切成条。

2. 将洗净的红椒切成丝后，再切成粒。

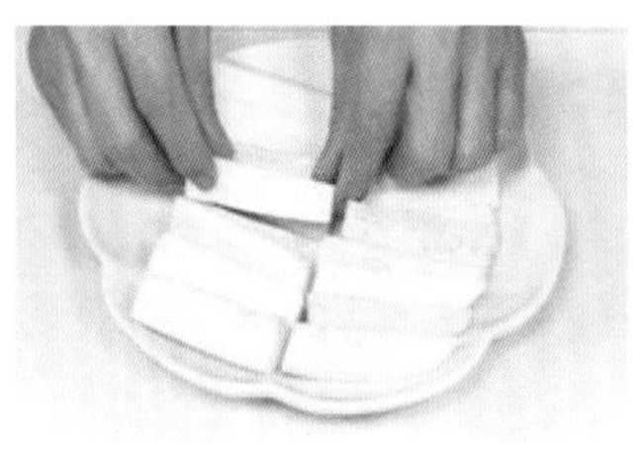

3. 将切好的茄子摆入盘中。

4. 均匀地撒上盐。

5. 将蒜蓉盛入碗中。

6. 加入切好的红椒粒。

7. 加适量盐、鸡精、生抽拌匀。

8. 加入少许食用油、香油拌匀。

9. 将拌好的蒜蓉浇在茄子上。

10. 把茄子放入微波炉中。

11. 选择“蔬菜”功能，时间设定为 5 分钟。

12. 5 分钟后，取出茄子，撒上葱花和芹菜叶即可。

口味 清淡 适合人群 一般人群 烹饪方法 煎

煎苦瓜

苦瓜中的蛋白质、脂肪、碳水化合物含量在瓜类蔬菜中较高，尤其是维生素 C 的含量特别丰富。苦瓜还含有丰富的维生素 B_1 及矿物质，经常食用有解乏、清热、明目、解毒、降压、降糖的作用。

材料

苦瓜	450 克	小苏打	适量
红椒圈	少许	生抽	适量
白糖	3 克	食用油	适量
盐	3 克		

苦瓜

红椒圈

白糖

盐

小贴士

在燥热的夏天，将苦瓜洗净切片放入冰箱稍冰，再取出敷在脸上，可以很好地消除肌肤的干燥问题，还具有美白保湿的功效。

制作指导

将苦瓜片放入盐水中浸泡片刻，可以减轻苦瓜的苦味。

做法演示

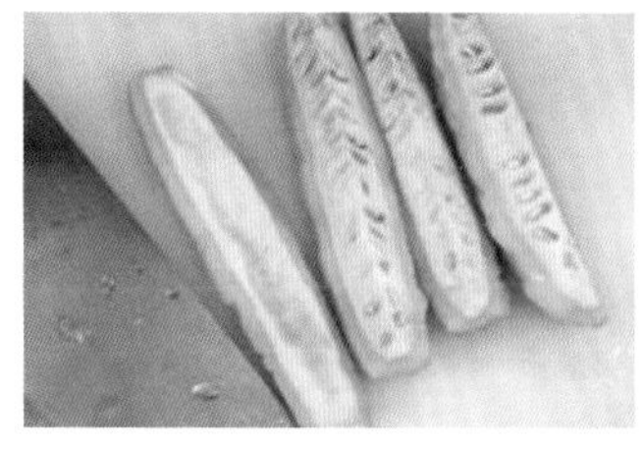
1. 苦瓜洗净，切四等份长条，去除瓜瓤。

2. 锅内注水烧开，加入少许小苏打。

3. 放入切好的苦瓜，加盖，焯煮约 2 分钟至熟。

4. 揭盖，捞出苦瓜，过凉水。

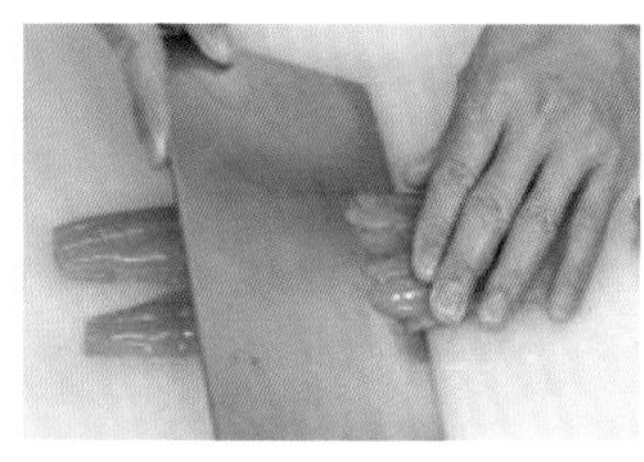
5. 将焯熟的苦瓜切成片。

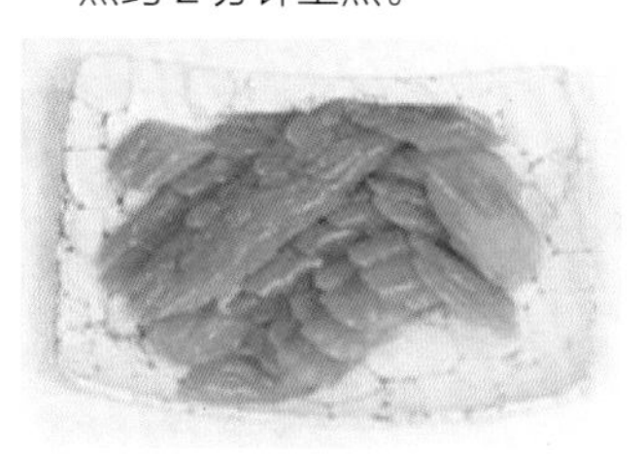
6. 装入盘中备用。

7. 锅中注入少许食用油，烧热。

8. 放苦瓜片煎约2分钟至焦香。

9. 加入盐、白糖。

10. 拌炒均匀。

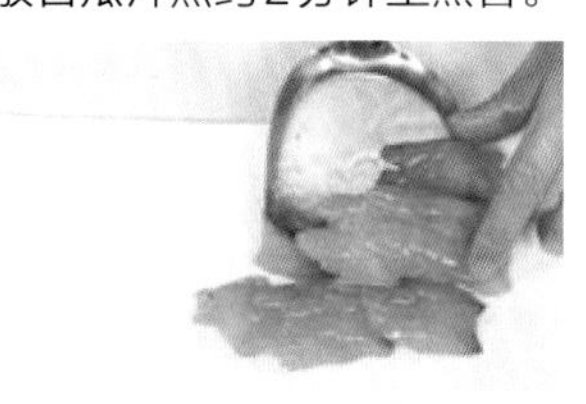
11. 将煎好的苦瓜片盛出。

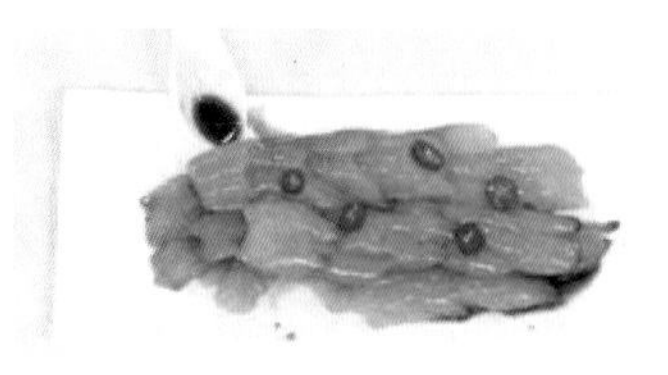
12. 放上红椒圈，再浇入少许生抽即成。

口味 辣　适合人群 老年人　烹饪方法 蒸

剁椒蒸香干

香干鲜香可口、营养丰富，含有蛋白质、维生素 A、B 族维生素，以及钙、铁、镁、锌等矿物质，其所含的矿物质可补充人体的钙质，预防因缺钙引起的骨质疏松，促进骨骼发育，对儿童、老年人的骨骼生长极为有利。

材料

香干	350 克	白糖	3 克
剁椒	40 克	香油	2 毫升
葱花	10 克	淀粉	10 克
鸡精	3 克	食用油	适量

香干

剁椒

葱花

鸡精

小贴士

在切红椒制作剁椒时，应戴上胶手套，并且注意切的力度，以防辣到手和眼睛。如果手不小心被辣到，可以通过涂抹醋来解辣。

制作指导

剁椒本身就很咸，因此烹饪此菜时一般只加少许盐或不加盐，可根据个人口味而定。

做法演示

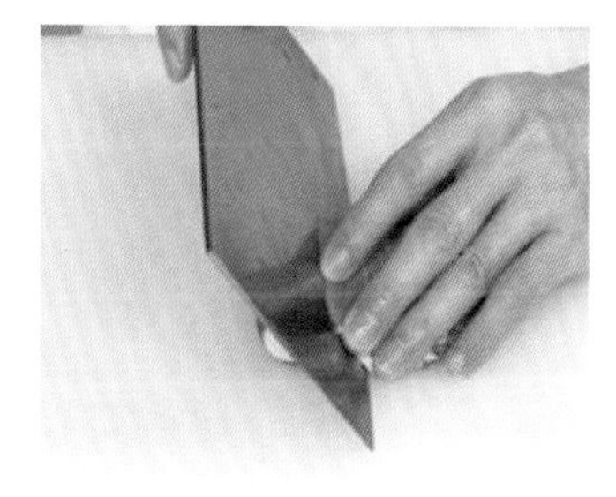
1. 将洗净的香干斜刀切片，装入盘中备用。

2. 在剁椒中加入鸡精、白糖、淀粉、香油拌匀。

3. 再加入少许食用油，用筷子拌匀。

4. 将拌好的剁椒铺在香干上。

5. 把香干放入蒸锅。

6. 盖上锅盖，大火蒸约 5 分钟至熟透。

7. 揭盖，将蒸熟的香干取出。

8. 撒上备好的葱花。

9. 再浇上少许熟油即可。

口味 辣　适合人群 一般人群　烹饪方法 炒

青椒炒豆豉

青椒的有效成分辣椒素是一种抗氧化物质，它可以阻止有关细胞的新陈代谢，从而阻止细胞组织的癌变过程，降低癌症的发生概率。青椒强烈的香辣味能刺激唾液和胃液的分泌，增强食欲，促进肠道蠕动，帮助消化。

材料

青椒	150克	味精	1克
红椒	50克	白糖	3克
豆豉	10克	水淀粉	适量
蒜末	5克	豆瓣酱	适量
盐	3克	食用油	少许

青椒

红椒

豆豉

蒜末

做法

1. 青椒洗净，去蒂，切成圈；红椒洗净切圈。
2. 油锅烧热，倒入蒜末、豆豉爆香。
3. 倒入切好的青椒、红椒炒匀，加入盐、味精、白糖。
4. 再加入适量豆瓣酱调味。
5. 加水淀粉勾芡。
6. 加少许热油炒匀。
7. 盛出装盘即可。

第二章

畜肉类

畜肉属于高蛋白食材，其优质蛋白质所含的各种氨基酸比例都比较合理，进入人体后，几乎能被完全吸收和利用。从营养角度来说，进食畜肉的主要目的是让人得到优质蛋白质。因此在日常生活中，我们都离不开畜肉类食物。

口味 辣　适合人群 一般人群　烹饪方法 炒

茭白炒五花肉

茭白含有大量的营养物质，其中以碳水化合物、蛋白质、脂肪的含量最为丰富。在日常生活中多吃些茭白，可为人体补充充足的营养，增强人体的抵抗力及免疫力。此外，茭白还具有清暑解烦及止渴的功效，最适合在高温的夏季食用。

材料

五花肉	150 克	盐	适量
茭白	100 克	老抽	5 毫升
蒜苗	30 克	生抽	5 毫升
青椒	15 克	料酒	10 毫升
红椒	15 克	鸡精	2 克
生姜片	10 克	水淀粉	适量
葱段	10 克	食用油	适量

小贴士

茭白水分很多，若放置过久会丧失鲜味，最好即买即食。若需保存茭白，可用纸包住，再用保鲜膜包裹，放入冰箱保存。

制作指导

茭白翻炒的时间不宜过长，否则会影响成菜的美观，还会失去茭白脆嫩的口感。

做法演示

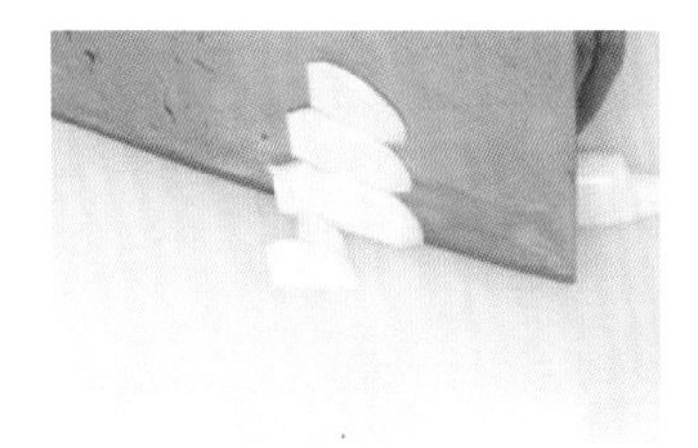

1. 将洗净的茭白切片。

2. 将洗好的蒜苗切段。

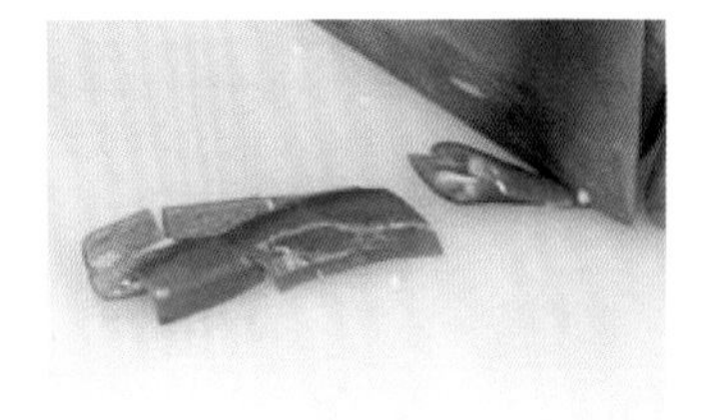

3. 将青椒、红椒均洗净切片。

4. 把洗好的五花肉切片。

5. 锅中加入清水烧热，加适量食用油、盐煮沸，放入茭白。

6. 煮约 1 分钟至沸后，捞出茭白装盘。

7. 热锅注油，倒入五花肉炒至出油。

8. 加老抽、生抽、料酒炒香。

9. 倒入生姜片、葱段、蒜苗、青椒、红椒炒匀。

10. 再倒入茭白炒匀。

11. 加适量盐、鸡精，用水淀粉勾芡，淋入熟油拌匀。

12. 在锅中翻炒均匀至入味，盛入盘中即可。

口味 辣 适合人群 一般人群 烹饪方法 炒

小炒猪颈肉

猪颈肉不仅肉质鲜嫩、爽口顺滑、口劲适中，而且含有丰富的优质蛋白质和人体必需的脂肪酸，具有补血益气的功效，并能提供血红素（有机铁）和促进铁吸收的半胱氨酸，以改善缺铁性贫血。

材料

熟猪颈肉	200 克	盐	3 克
青椒	30 克	味精	1 克
红椒	30 克	老抽	4 毫升
老干妈	10 克	料酒	5 毫升
生姜片	5 克	水淀粉	适量
蒜末	5 克	食用油	适量
干辣椒	5 克		

小贴士

猪颈肉一旦粘上脏东西，用水冲洗会很麻烦，易越洗越脏。可以用温淘米水洗两遍，再用清水冲洗一下，脏东西就容易除去了。

制作指导

如果家中没有老干妈，可以用少许豆瓣酱或者黄豆酱代替，味道也很好。

做法演示

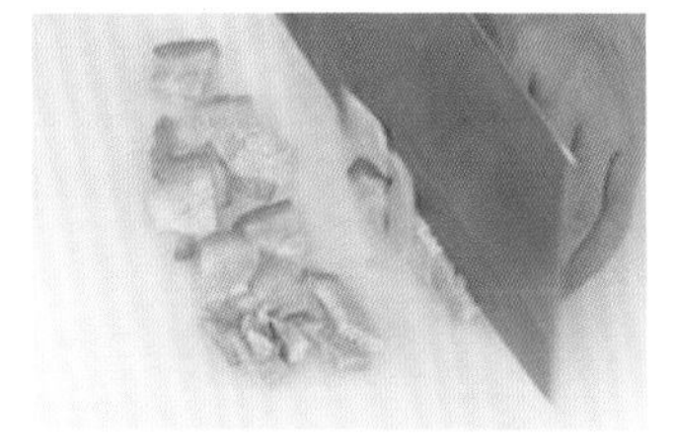

1. 将熟猪颈肉切片。

2. 将红椒洗净，先切条，后切丁。

3. 将青椒洗净，先切条，后切丁。

4. 油锅烧热，倒入熟猪颈肉炒 1 分钟至出油。

5. 加老抽上色。

6. 加干辣椒、生姜片、蒜末炒香。

7. 加料酒炒匀，加老干妈翻炒。

8. 加入青椒、红椒拌炒均匀。

9. 调入盐、味精炒 1 分钟至入味。

10. 加入少许水淀粉。

11. 拌炒均匀。

12. 装入盘中即可。

口味 鲜 适合人群 肠胃病患者 烹饪方法 炒

腊肉炒包菜

包菜富含维生素、膳食纤维和微量元素等营养素，热量、脂肪含量低，是一种良好的保健食物。包菜含有的维生素 U，对溃疡有很好的治疗作用，能加速溃疡的愈合，还能预防胃溃疡恶变。

材料

包菜	250 克	葱段	10 克
腊肉片	160 克	盐	适量
蒜片	25 克	味精	2 克
红椒片	25 克	料酒	5 毫升
生姜	10 克	食用油	适量

包菜

腊肉

蒜

红椒

小贴士

腊肉焯水的好处是去掉重咸味和部分多余的油脂。如果在这道菜中加入白胡椒粉和辣椒丝，则能够让菜的味道更加鲜美。

制作指导

腊肉表面附着有较多的盐分和杂质，烹饪前要先用热水清洗干净。

做法演示

1. 将包菜洗净切片。

2. 锅中加清水烧开，放入腊肉片煮熟，捞出腊肉片。

3. 另起锅加清水，加适量盐、包菜，焯至断生后捞出。

4. 热锅注油，倒入腊肉片翻炒。

5. 放入生姜、葱段、蒜片炒匀。

6. 倒入包菜翻炒片刻。

7. 放入红椒片炒熟，加适量盐。

8. 放入味精、料酒调味，翻炒均匀。

9. 装盘即成。

口味 清淡　适合人群 糖尿病患者　烹饪方法 蒸

粉蒸肉

南瓜含有丰富的微量元素钴和果胶，且钴的含量较高，是其他任何蔬菜都不可相比的。钴是胰岛细胞合成胰岛素所必需的微量元素，果胶则可延缓肠道对糖和脂质的吸收。所以，常吃南瓜有助于防治糖尿病。

材料

南瓜	400 克	盐	3 克
五花肉	350 克	生抽	3 毫升
蒸肉粉	35 克	鸡精	3 克
蒜末	5 克	葱花	5 克

南瓜

五花肉

蒸肉粉

蒜末

小贴士

蒸肉粉要粗细各半，全部用粗的粘不牢，全部用细的则不够香，各取一半最为适中。粉蒸肉除了用南瓜作为辅料，也可以使用莲藕。

制作指导

五花肉腌渍时必须先沥干肉面水分；蒸南瓜和五花肉时火候均不可太大。

做法演示

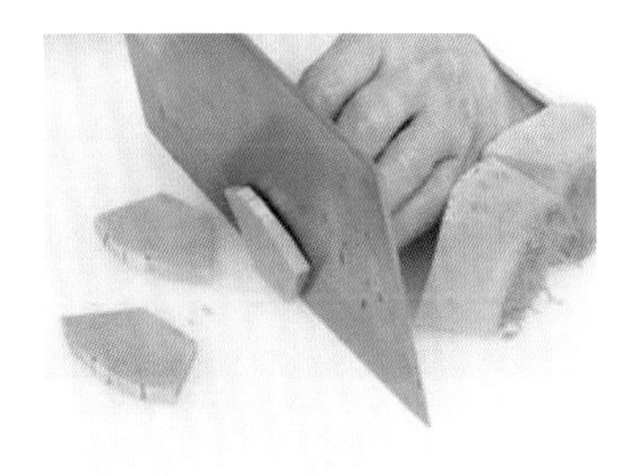
1. 将南瓜洗净去皮，去除瓜瓤，切段，再改切成片。

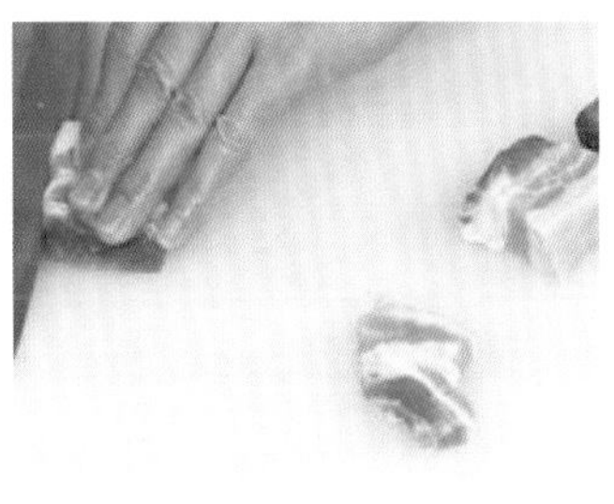
2. 将洗净的五花肉切成片。

3. 将切好的五花肉装入盘中，加入蒜末。

4. 再加盐、生抽、鸡精拌匀。

5. 加入蒸肉粉拌匀，腌渍 15 分钟至入味。

6. 将切好的南瓜摆入盘中。

7. 将五花肉摆在南瓜上，放入蒸锅。

8. 加盖，以中火蒸约 20 分钟至熟透。

9. 揭盖，将粉蒸肉取出，撒上葱花即可。

口味 咸　适合人群 一般人群　烹饪方法 炒

豉椒炒肉

猪瘦肉较猪肥肉更易于消化，是维生素 B_1、维生素 B_2、维生素 B_{12} 和烟酸的良好来源，还富含蛋白质、脂肪、无机盐、铁、磷、钾、钠等营养素，有促进生长、消化及改善神经组织功能的作用。常食猪瘦肉还能补肾养血、滋阴润燥。

材料

猪瘦肉	200 克	味精	3 克
青椒	50 克	料酒	适量
红椒	15 克	老抽	6 毫升
竹笋	40 克	水淀粉	适量
豆豉	10 克	香油	5 毫升
蒜末	15 克	食用油	适量
盐	适量		

小贴士

猪瘦肉经浸泡后，纤维组织膨胀，含水分较多，不便于切片。所以，猪瘦肉不宜用冷水或热水长时间浸泡。

制作指导

猪瘦肉片入锅炒制时，应尽量将其炒得硬些，这样会更香更有嚼劲。

做法演示

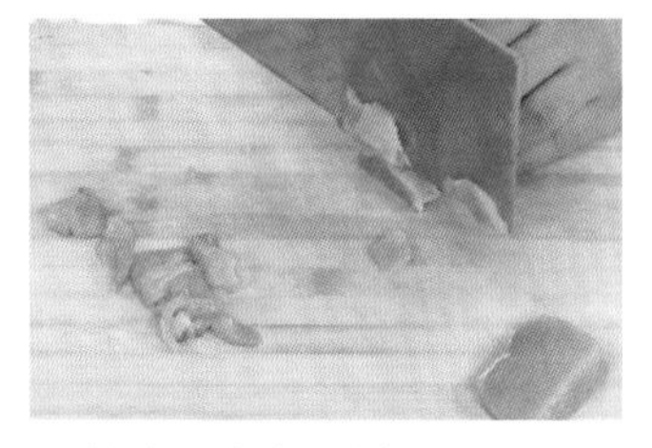

1. 将洗好的猪瘦肉切片。

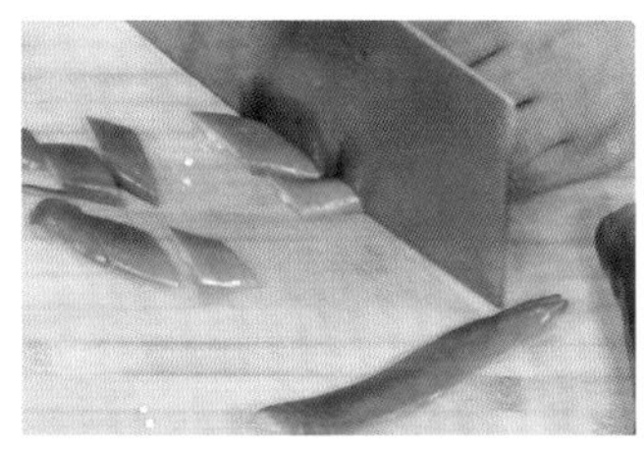

2. 将青椒、红椒洗净去籽切片。

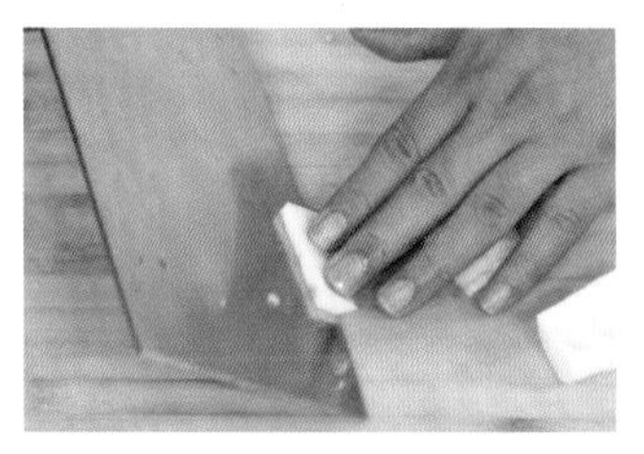

3. 再把去皮洗好的竹笋切成片。

4. 在猪瘦肉片中加适量盐、料酒、水淀粉拌匀。

5. 加入少许老抽。

6. 用筷子拌匀，腌渍 5 ~ 6 分钟至入味。

7. 热锅注油，倒入猪瘦肉片。

8. 炒至肉色发白后，倒入豆豉、蒜末。

9. 倒入青椒片、红椒片和竹笋，翻炒 2 分钟至熟透。

10. 加适量盐、味精炒匀调味，再加入少许水淀粉勾芡。

11. 淋入少许香油，拌匀。

12. 盛入盘中即可。

口味 辣　适合人群 一般人群　烹饪方法 炒

蒜薹炒香肠

蒜薹含有辣素，其杀菌能力可达到青霉素的十分之一，对病原菌和寄生虫都有良好的杀灭作用，可以起到预防流感、防止伤口感染和驱虫的功效。蒜薹还含有丰富的纤维素，多食可促进消化，预防便秘。

材料

蒜薹	200 克
香肠	100 克
红椒丝	15 克
盐	2 克
味精	2 克
料酒	3 毫升
食用油	适量

小贴士

如果香肠放置的时间过久，烹饪前应先把香肠放入清水中浸泡数小时。如果担心把蒜薹炒老，在炒之前可以先将其焯水。

制作指导

蒜薹入锅烹制的时间不宜太久，以免辣素被破坏，导致其杀菌作用降低。

做法演示

1. 将蒜薹洗净，切段。

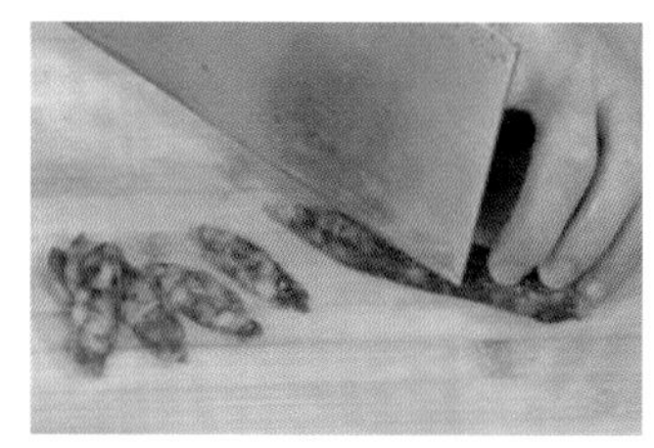

2. 将香肠切片。

3. 热锅注油，放入香肠滑油。

4. 捞出香肠备用。

5. 再放入蒜薹滑油。

6. 捞起蒜薹备用。

7. 锅留底油，放入红椒丝。

8. 再放入蒜薹翻炒片刻。

9. 倒入香肠继续翻炒。

10. 加味精、盐、料酒调味。

11. 翻炒片刻。

12. 装入盘中即成。

口味 辣　适合人群 女性　烹饪方法 炒

香菜爆肚丝

香菜常被用作菜肴的点缀和提味之品。香菜含有维生素 B_1、维生素 B_2、维生素 C、胡萝卜素以及矿物质钙、铁、磷、镁等营养成分，具有开胃醒脾、调和中焦、消食下气、发汗透疹等功效。

材料

熟牛肚	200 克	盐	2 克
香菜	100 克	味精	1 克
红椒	20 克	料酒	3 毫升
生姜片	5 克	蚝油	5 毫升
干辣椒	5 克	辣椒酱	适量
蒜末	5 克	食用油	适量

熟牛肚

香菜

红椒

生姜

小贴士

超市或者菜市场出售的牛肚一般都已经处理过，买回家之后，直接洗净切丝就行。

制作指导

牛肚入锅炒制的时间不宜太久，否则会炒得过老，吃起来口感不佳。

做法演示

1. 将洗好的香菜切段。

2. 将洗净的红椒切丝。

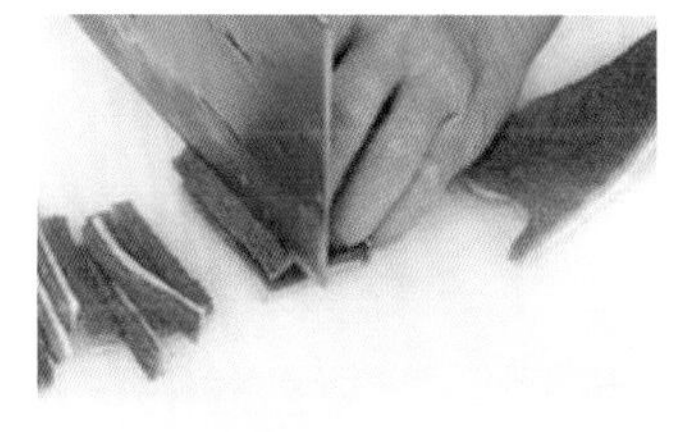
3. 再把熟牛肚洗净切成丝。

4. 热锅注油，倒入生姜片、干辣椒和蒜末爆香。

5. 倒入熟牛肚，加料酒、蚝油和辣椒酱炒香。

6. 加盐、味精调味。

7. 倒入红椒丝、香菜段炒匀。

8. 淋入熟油拌匀。

9. 盛出即可。

口味 辣　适合人群 一般人群　烹饪方法 炒

烟笋烧肉

烟笋的营养和药用价值都很高，具有消炎、透毒、解腥、发豆疹、利九窍、通血脉、化痰涎、消食胀的功效，其所含粗纤维有促进肠胃蠕动的功用，对治疗便秘也有一定的辅助效果。

材料

烟笋	80 克	食用油	适量
五花肉	200 克	盐	适量
红椒片	15 克	味精	适量
蒜苗段	25 克	水淀粉	适量
生姜片	5 克	香油	5 毫升
蒜末	5 克	豆瓣酱	适量
葱白	5 克	料酒	5 毫升

小贴士

烟笋入锅焯水之前，可以先放在清水中浸泡一下，这样就能较软了，也能很快熟透。

制作指导

烟笋质地细嫩，入锅炒制的时间不宜太久，不然会影响口感。

做法演示

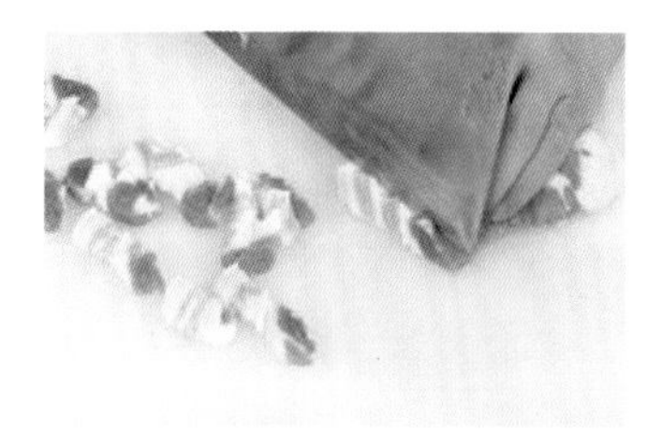

1. 将洗净的五花肉切成片。

2. 锅中加入适量清水烧开，加入适量食用油、盐、味精拌匀。

3. 倒入烟笋拌匀，煮沸后捞出。

4. 锅置大火上，注油烧热，倒入五花肉炒至出油。

5. 加入豆瓣酱、料酒炒至上色。

6. 倒入生姜片、蒜末、葱白炒匀。

7. 倒入烟笋、蒜苗梗、红椒片炒匀。

8. 再加入适量盐、味精，炒匀调味。

9. 倒入蒜苗叶炒匀。

10. 加入少许水淀粉勾芡。

11. 淋入少许香油炒匀。

12. 盛入盘内即可。

口味 辣　适合人群 女性　烹饪方法 炒

豉椒炒牛肚

牛肚含有丰富的蛋白质、脂肪、维生素 B_2、烟酸、钙、磷、铁等营养成分，具有补益脾胃、补气养血、补虚益精及止消渴等功效，尤其适宜气血不足、营养不良、病后虚羸以及脾胃虚弱之人食用。

材料

熟牛肚	200克	盐	2克
青椒	150克	味精	2克
红椒	30克	鸡精	2克
豆豉	20克	辣椒酱	适量
蒜苗段	30克	老抽	5毫升
蒜末	5克	水淀粉	适量
生姜片	5克	料酒	5毫升
葱白	5克	食用油	适量

小贴士

切辣椒时，先将刀在冷水中稍微蘸一下再切，这样辣味就不会刺激眼睛了。

制作指导

炒这道菜的时候，已经用了豆豉、辣椒酱和老抽，因此盐应该少放一些，不然会过咸。

做法演示

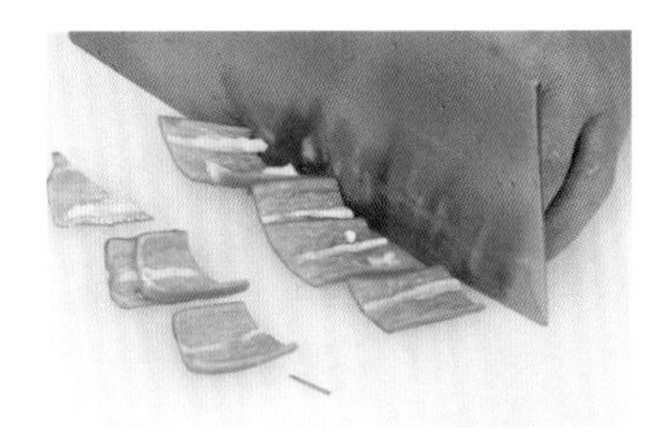

1. 将洗净的青椒去蒂和籽，切片。

2. 将洗好的红椒去蒂和籽，切片。

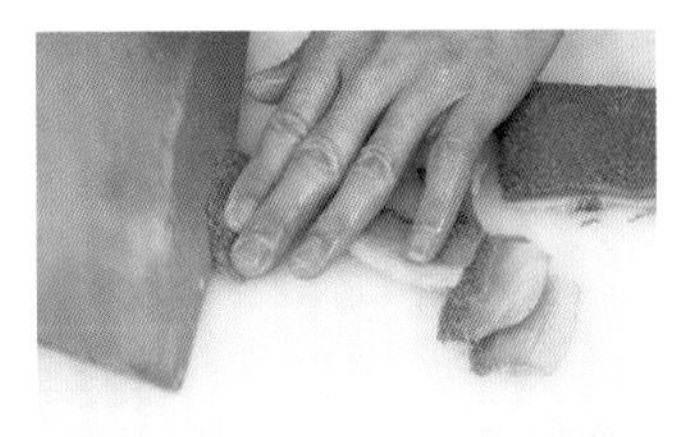

3. 把熟牛肚切成片。

4. 油锅烧热，倒入蒜末、生姜片、葱白爆香。

5. 倒入豆豉爆香。

6. 倒入熟牛肚炒匀。

7. 加料酒翻炒片刻。

8. 加青椒片、红椒片拌炒至熟。

9. 加盐、味精、鸡精、辣椒酱、老抽，拌匀。

10. 用水淀粉勾芡，加少许熟油。

11. 倒入蒜苗段翻炒片刻。

12. 出锅装盘即可。

口味 清淡 适合人群 一般人群 烹饪方法 炒

泥蒿炒腊肉

泥蒿不仅脆嫩可口、清香鲜美、风味独特，而且含有蛋白质、钙及微量元素，对降血压、降血脂、缓解心血管疾病均有较好的食疗作用，是一种典型的保健蔬菜。此外，泥蒿还具有利膈、开胃、解毒的功效。

材料

泥蒿	250 克	味精	2 克
腊肉	200 克	料酒	3 毫升
红椒丝	15 克	水淀粉	适量
蒜末	15 克	蒜油	少许
盐	2 克	食用油	适量

泥蒿

腊肉

红椒丝

蒜末

小贴士

腊肉和泥蒿同炒，是绝妙的搭配。腊肉的荤油混合了清爽的泥蒿，使得肉少了肥腻，菜多了肉香的浓郁，口感绝佳，开胃下饭。

制作指导

腊肉含有较多的亚硝酸盐，在烹制前先用水煮一下，可去除部分亚硝酸盐。

做法演示

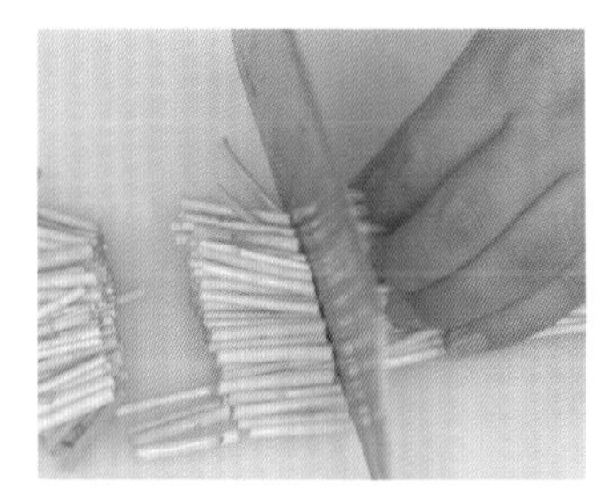
1. 将泥蒿洗净切段。

2. 将腊肉洗净切薄片。

3. 锅中注入食用油烧热，倒入腊肉炒匀。

4. 加入蒜末，翻炒出香味，倒入泥蒿，翻炒至熟。

5. 加入盐、味精、料酒调味。

6. 放入红椒丝炒匀。

7. 加入少许水淀粉勾芡。

8. 淋入少许蒜油，拌炒均匀。

9. 出锅盛入盘中即成。

口味 咸　适合人群 男性　烹饪方法 炒

蒜苗炒猪颈肉

蒜苗含有丰富的维生素 B_1、维生素 B_2、维生素 C 以及蛋白质、胡萝卜素等营养成分。蒜苗的辣味主要来自其含有的辣素，这种辣素具有消积食的作用。蒜苗还能保护肝脏，阻断亚硝胺致癌物质的合成，从而可以在一定程度上预防癌症。

材料

熟猪颈肉	300 克	味精	2 克
蒜苗	30 克	白糖	3 克
洋葱	30 克	老抽	3 毫升
生姜片	5 克	蚝油	6 毫升
蒜末	5 克	水淀粉	适量
红椒	5 克	食用油	适量
盐	3 克	豆瓣酱	适量

小贴士

蒜苗具有明显的降血脂及预防冠心病和动脉硬化的作用，可防止血栓的形成。

制作指导

蒜苗不可久煮，下锅以大火略炒至香气溢出，即可盛出食用，这样才能品尝到蒜苗清爽的口感与风味。

做法演示

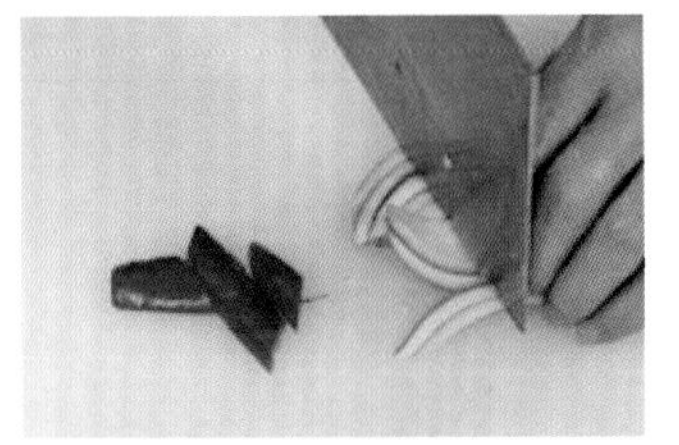

1. 将洗净的红椒、洋葱分别切片。

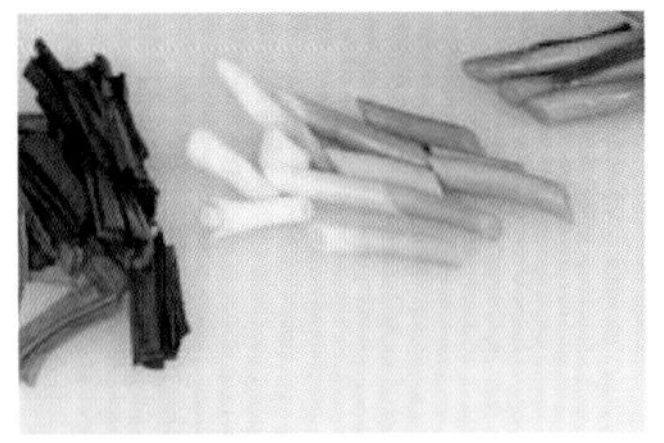

2. 将洗净的蒜苗切段。

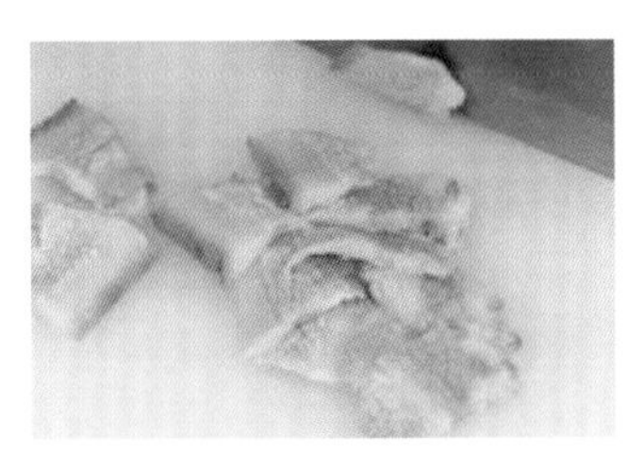

3. 将熟猪颈肉洗净切成片。

4. 油锅烧热，放入猪颈肉炒至出油。

5. 加老抽拌匀上色，倒入生姜片、蒜末炒香。

6. 再放入蒜苗梗、洋葱、红椒，翻炒均匀。

7. 加入蚝油炒匀。

8. 放入豆瓣酱翻炒均匀。

9. 再放入盐、味精、白糖调味。

10. 倒入蒜苗叶炒匀。

11. 加入少许水淀粉勾芡，快速炒匀。

12. 盛入盘中即可。

口味 清淡　适合人群 老年人　烹饪方法 炒

黄瓜炒肉

黄瓜含有丰富的蛋白质、糖类、胡萝卜素、维生素 B_2、维生素 C、维生素 E、烟酸以及钙、磷、铁等营养成分，具有清热解毒、利水利尿、除烦解渴等功效。此外，黄瓜还有美白保湿、消除皱纹以及减肥瘦身的作用。

材料

黄瓜	300 克	盐	适量
猪瘦肉	200 克	白糖	3 克
芹菜段	15 克	水淀粉	适量
生姜片	5 克	蛋清	适量
蒜末	5 克	食用油	适量
红椒片	5 克		

小贴士

黄瓜宜用大火爆炒，这样炒出的黄瓜皮外软内脆。

制作指导

黄瓜入锅炒制的时间不能太长，以免失去其爽脆的口感，半熟出锅口感最好。

做法演示

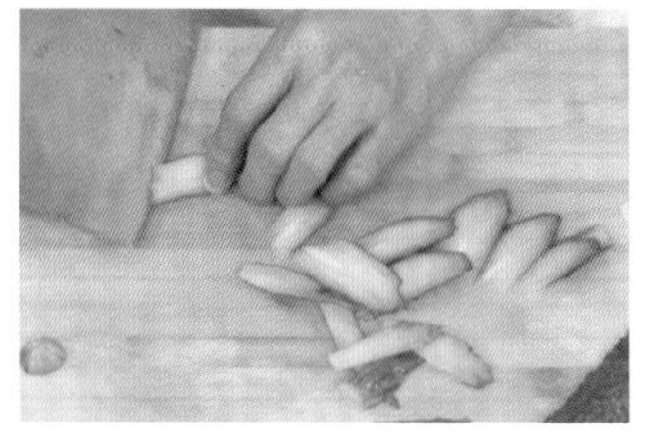

1. 将洗好的黄瓜切成片。

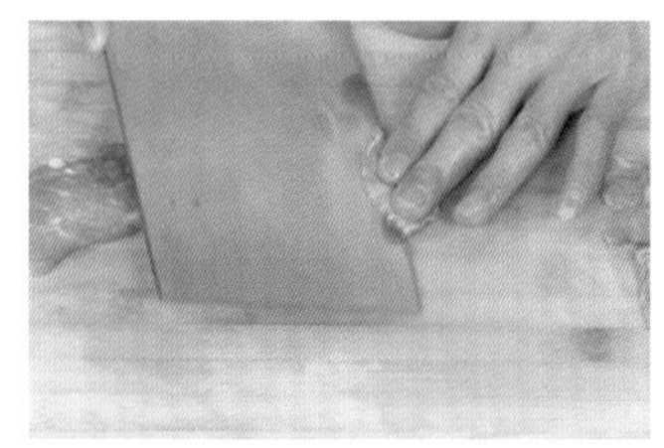

2. 将洗净的猪瘦肉切片。

3. 加入适量盐、蛋清和少许水淀粉抓匀。

4. 倒入适量食用油抓匀，腌渍5 分钟至入味。

5. 锅中注入适量食用油，烧至五成热，倒入肉片。

6. 滑油片刻，捞出备用。

7. 锅留底油，放入生姜片、蒜末、红椒片、芹菜段炒香。

8. 倒入黄瓜，翻炒片刻。

9. 倒入猪瘦肉，炒约 1 分钟至熟透。

10. 加适量盐、白糖调味。

11. 加少许水淀粉勾芡，炒匀。

12. 盛入盘中即成。

口味 辣　适合人群 一般人群　烹饪方法 炒

芥菜头炒肉

芥菜头含有丰富的维生素 A、B 族维生素、维生素 C、纤维素和胡萝卜素，有提神醒脑、解除疲劳、开胃消食、解毒消肿的作用，还能抑制细菌毒素的毒性，促进伤口愈合，可用来辅助治疗感染性疾病。

材料

芥菜头	150 克	盐	适量
五花肉	100 克	白糖	2 克
青椒片	10 克	水淀粉	适量
红椒片	10 克	蚝油	5 毫升
生姜片	10 克	老抽	3 毫升
葱白	10 克	食用油	适量
蒜末	10 克		

小贴士

芥菜头含有的微量元素被人体吸收后，能利尿除湿，促进机体水、电解质的平衡，可用于防治小便涩痛等症。

制作指导

烹饪此菜时加少许辣椒油，味道会更加鲜香。

做法演示

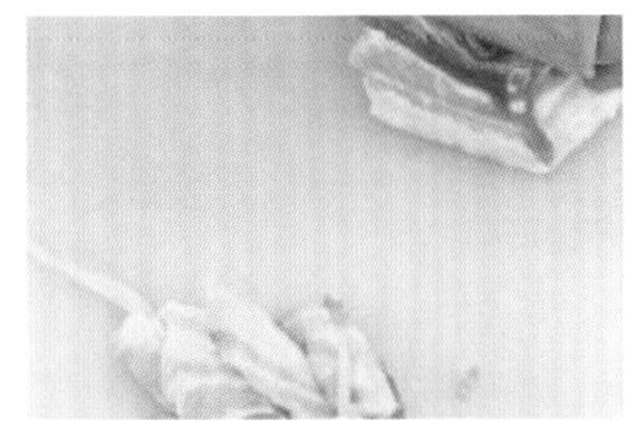

1. 将五花肉洗净，切成片。

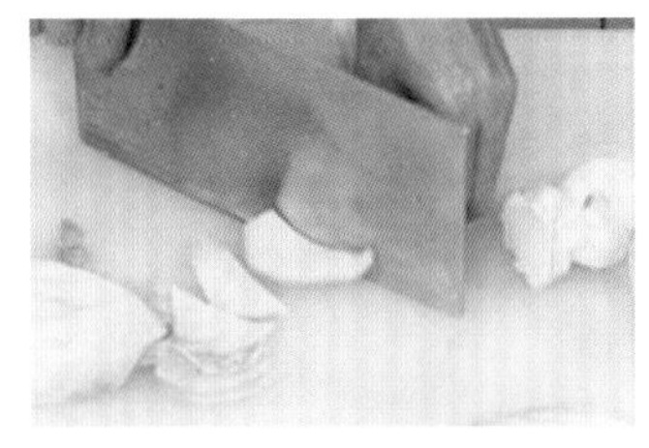

2. 将芥菜头洗净，去梗切片。

3. 锅中加适量清水烧开，加盐、食用油煮沸。

4. 倒入芥菜头，焯约 2 分钟至断生，捞出。

5. 油锅烧热，倒入五花肉翻炒至出油。

6. 加少许老抽上色。

7. 倒入生姜片、葱白、蒜末。

8. 放入红椒片、青椒片炒匀。

9. 倒入焯过水的芥菜头。

10. 加盐、白糖、蚝油和少许清水炒匀。

11. 加水淀粉勾芡，翻炒至熟透。

12. 盛出装盘即可。

口味 咸　适合人群 一般人群　烹饪方法 炒

酒香腊肉

腊肉是湖南、湖北一带餐桌上最常见的食物，不仅营养丰富，而且味道醇香、肥而不腻。腊肉含有丰富的钙、磷、铁、钾、钠、脂肪、蛋白质、碳水化合物等营养素，具有开胃祛寒、消食化积等功效。

材料

腊肉	300 克	干辣椒段	10 克
红酒	75 毫升	料酒	3 毫升
青椒片	15 克	生抽	6 毫升
红椒片	15 克	水淀粉	适量
蒜苗段	45 克	食用油	适量

腊肉

红酒

青椒

红椒

小贴士

挑选腊肉时，注意观其色泽，探其肉质。若腊肉色泽鲜明，肌肉呈鲜红或暗红色，脂肪透明或呈乳白色，肉身干爽、结实、富有弹性，具有腊肉应有的腌腊风味，就是优质腊肉。

制作指导

此菜不宜炒至汁干，留少许芡汁，口感更咸香。

做法演示

1. 将洗干净的腊肉切片后放在盘中，备用。

2. 炒锅入油烧热，放入干辣椒段爆香。

3. 再倒入腊肉炒匀。

4. 加入青椒片、红椒片、蒜苗段。

5. 注入少许清水，翻炒均匀，倒入红酒。

6. 加入料酒煮片刻至入味。

7. 淋入生抽炒匀。

8. 加水淀粉勾芡，炒匀。

9. 盛入盘中即可。

口味 辣 适合人群 男性 烹饪方法 炒

雪里蕻炒大肠

猪大肠含有蛋白质、脂肪、碳水化合物等营养物质，有润肠、祛风、解毒、止血的功效，能辅助治疗肠风便血、痔疮、便秘、脱肛、虚弱口渴等症，还有润燥、补虚、止渴的作用，适宜大肠病变、小便频多者食用。

材料

熟大肠	300 克	鸡精	2 克
腌雪里蕻	100 克	味精	1 克
生姜片	10 克	水淀粉	适量
蒜末	10 克	生抽	5 毫升
青椒片	10 克	料酒	5 毫升
红椒片	10 克	食用油	适量

小贴士

清洗刚买回的生猪大肠时，可将其放在加有盐、醋的混合液中浸泡片刻，摘去脏物，再放入淘米水中泡一会儿，然后在清水中轻轻搓洗几遍即可。

制作指导

炒制大肠时，可加少许辣椒油，口味会更好。

做法演示

1. 热锅注油，倒入生姜片、蒜末。

2. 倒入青椒片、红椒片爆香。

3. 放入洗净切段的熟大肠，加料酒翻炒至熟。

4. 加适量生抽炒匀。

5. 倒入准备好的腌雪里蕻炒匀。

6. 加鸡精、味精炒匀调味。

7. 倒入水淀粉勾芡。

8. 翻炒均匀至入味。

9. 盛出装盘即可。

口味 辣　适合人群 女性　烹饪方法 炒

小炒猪心

猪心的蛋白质含量是猪肉的 2 倍，脂肪含量却极少。猪心还富含钙、磷、铁、维生素以及烟酸等成分，具有安神定惊、养心补血的功效，经常食用可缓解女性绝经后阴虚血亏、心神失养所致诸症。

材料

猪心	150 克	盐	适量
蒜苗	40 克	料酒	适量
青椒	30 克	淀粉	适量
红椒	30 克	味精	2 克
干辣椒	10 克	辣椒酱	适量
蒜末	10 克	水淀粉	适量
生姜片	10 克	食用油	适量
葱段	10 克		

小贴士

猪心切开后，先用清水浸泡 30 分钟，水中滴入些许高度白酒，出血水后倒掉，重新加水再浸泡一次，即可切片。

制作指导

买回来的猪心应立即用少量面粉抓匀，放置 1 小时，再进行洗净，这样烹炒出来的猪心不仅无异味，且味道鲜美。

做法演示

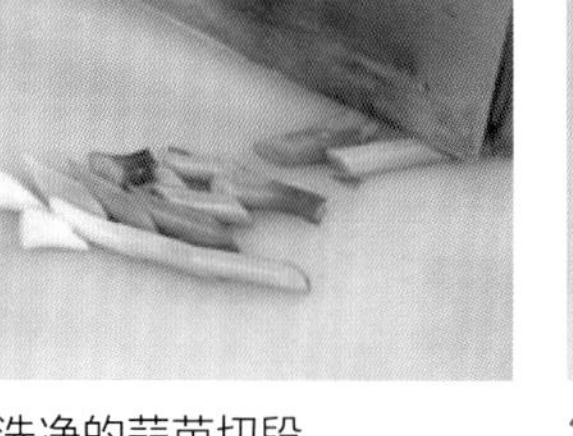

1. 将洗净的蒜苗切段。

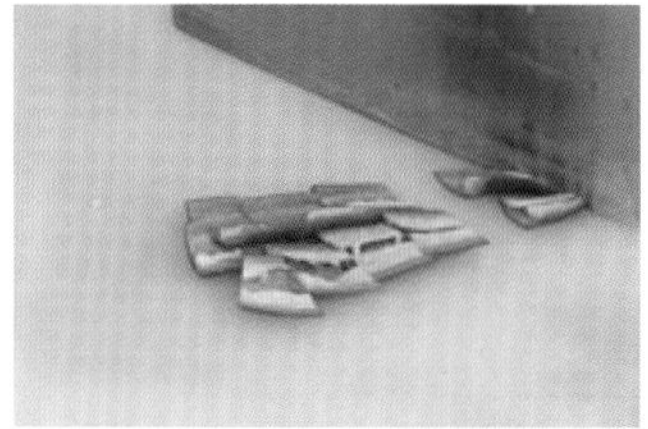

2. 将洗净的青椒、红椒切片。

3. 将洗净的猪心切片。

4. 在猪心中加盐、料酒、淀粉腌渍入味。

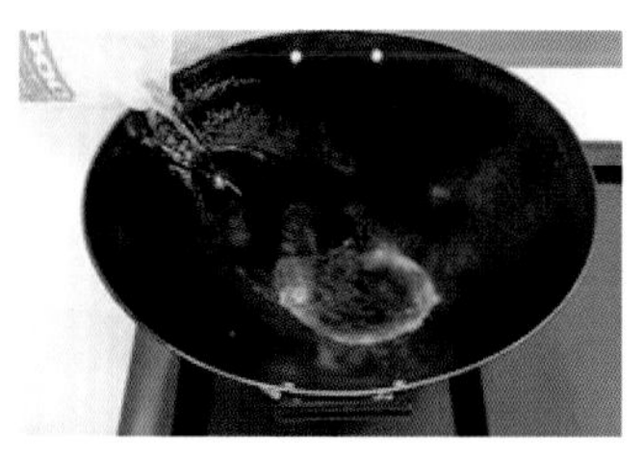

5. 锅中注入清水烧开。

6. 倒入猪心，煮沸后捞出。

7. 油锅烧热，加入葱段、蒜末、生姜片、干辣椒爆香。

8. 倒入猪心，加料酒炒约 1 分钟。

9. 倒入青椒、红椒、蒜苗梗炒匀。

10. 加盐、味精、辣椒酱调味。

11. 倒入蒜苗叶炒匀，加水淀粉勾芡，淋入熟油炒匀。

12. 盛入盘内即可。

口味 咸　适合人群 一般人群　烹饪方法 炒

泥蒿炒腊肠

腊肠咸中带甜，芳香可口，含有较多的蛋白质、膳食纤维，有增强食欲、促进消化等作用。但是腊肠属于腌渍食品，其胆固醇含量很高，因此，儿童、孕妇、老年人要少食，高脂血症患者和肝肾功能不全者应忌食。

材料

泥蒿	200 克	料酒	2 毫升
腊肠	100 克	盐	2 克
生姜片	10 克	味精	2 克
蒜末	10 克	水淀粉	适量
葱段	10 克	食用油	适量

泥蒿

腊肠

生姜

蒜末

小贴士

如果选用的腊肠瘦肉较多，肥肉较少，为避免腊肠炒得很柴，可先把腊肠蒸熟再炒；如果腊肠的肥肉较多，只需略炒就行。

制作指导

腊肠不可炒制过久，以免炒成焦枯状导致其口感变硬。

做法演示

1. 把洗净的腊肠切斜片。

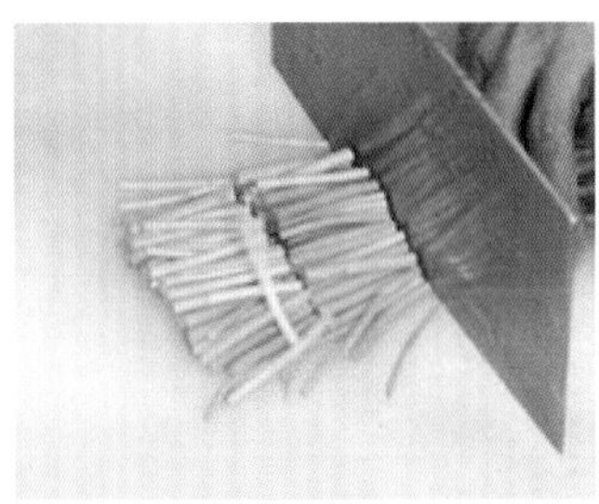
2. 将洗净的泥蒿切成段。

3. 热锅注油，加入生姜片、蒜末、葱段，煸炒出香味。

4. 倒入腊肠炒出油。

5. 倒入泥蒿，翻炒至断生。

6. 加少许料酒、盐、味精，炒匀调味。

7. 再淋入少许熟油，翻炒片刻至熟透。

8. 加入少许水淀粉勾芡，翻炒均匀。

9. 出锅装盘即成。

口味 辣　适合人群 老年人　烹饪方法 炒

蒜苗小炒肉

蒜苗含有糖类、粗纤维、胡萝卜素、维生素 A、维生素 B_2、维生素 C、烟酸、钙、磷等成分，具有降血脂、防止血栓形成，以及预防冠心病和动脉硬化的功效，对病原菌和寄生虫都有良好的杀灭作用，可以起到预防流感、防止伤口感染和驱虫的作用。

材料

五花肉	200 克	盐	3 克
蒜苗	60 克	味精	2 克
青椒	20 克	水淀粉	适量
红椒	20 克	料酒	3 毫升
生姜片	10 克	老抽	5 毫升
蒜末	10 克	豆瓣酱	适量
葱白	10 克	食用油	适量

小贴士

猪肉营养丰富，蛋白质和胆固醇含量高，还富含维生素 B_1 和锌等，是人们最常食用的动物性食物。

制作指导

蒜苗不宜烹制得过烂，以免其辣素被破坏，杀菌作用降低。

做法演示

1. 将蒜苗洗净切段。

2. 将青椒、红椒均洗净切片。

3. 将五花肉洗净切片。

4. 油锅烧热，倒入五花肉，炒至出油变色。

5. 倒入生姜片、蒜末、葱白炒香。

6. 淋入料酒，加少许老抽炒匀上色。

7. 加豆瓣酱炒匀。

8. 倒入青椒、红椒，再加入切好的蒜苗。

9. 加盐、味精，炒匀调味。

10. 加少许熟油炒匀。

11. 加水淀粉勾芡，翻炒匀至入味。

12. 盛出装盘即可。

口味 咸　适合人群 一般人群　烹饪方法 炒

藠苗炒腊肉

腊肉性平、味咸甘，含有丰富的蛋白质、脂肪、碳水化合物、钙、磷、铁等营养成分，具有补虚强身、滋阴润燥、丰肌泽肤的作用。病后体弱、产后血虚、面黄羸瘦者，可将腊肉作为营养滋补品。

材料

腊肉	300 克	盐	1 克
蒜苗	200 克	味精	2 克
红椒	15 克	生抽	5 毫升
葱白	10 克	料酒	3 毫升
生姜片	10 克	水淀粉	适量
蒜末	10 克	食用油	适量

小贴士

选购腊肉时，应该选择外表干爽，没有异味或酸味，肉色鲜明的腊肉。如果瘦肉部分呈现黑色，肥肉呈现深黄色，表示已经变质，不宜购买。

制作指导

腊肉比较咸，炒制过程中应不加或少加盐，以免影响成菜的口感。

做法演示

1. 把洗净的蒜苗切段。

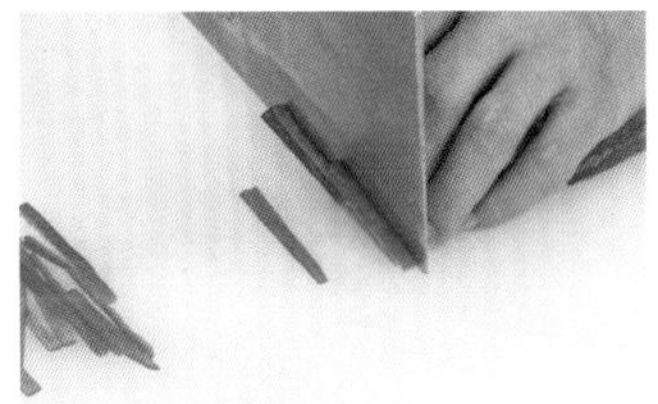

2. 将红椒洗净去蒂，对半剖开，切段后切丝。

3. 将腊肉洗净切成薄片。

4. 油锅烧热，放入腊肉炒出油。

5. 舀出少许炒出来的油。

6. 放入葱白、生姜片和蒜末。

7. 倒入切好的红椒丝。

8. 加入生抽、料酒炒香。

9. 倒入蒜苗翻炒均匀至入味。

10. 淋入适量水淀粉勾芡，加少许盐、味精炒匀调味。

11. 继续翻炒片刻，至香味溢出。

12. 出锅装盘即可食用。

口味 鲜　适合人群 便秘、缺铁性贫血者　烹饪方法 蒸

莲藕粉蒸肉

莲藕具有很高的营养价值和药用价值，一直深受人们的喜爱。莲藕富含淀粉、蛋白质、脂肪、碳水化合物、维生素 C、粗纤维等多种营养物质，有健脾开胃、益血补心的作用，故对便秘、缺铁性贫血者颇为适宜。

材料

五花肉	300 克	鸡精	3 克
莲藕	200 克	盐	3 克
蒸肉粉	适量	食用油	适量
葱花	适量		

五花肉

莲藕

蒸肉粉

葱花

做法

1. 将莲藕去皮洗净，切片装盘；将五花肉洗净，切片。
2. 将肉片加蒸肉粉裹匀，再加鸡精、盐拌匀，装入放莲藕的盘中。
3. 将盘放入蒸锅。
4. 盖上锅盖，以中火蒸 20 分钟至熟透。
5. 揭盖，取出。
6. 锅内注入适量食用油烧热，盛出备用。
7. 在莲藕粉蒸肉上撒入葱花，淋入熟油即成。

第三章

禽蛋类

禽蛋类的食材营养非常丰富，尤其是含有人体所必需的蛋白质、脂肪、矿物质等营养物质，而且其消化吸收率非常高。本章为大家推荐了一系列以禽蛋为主要食材的菜肴，以方便您为自己和家人做出丰盛美味的营养大餐。

口味 清淡 适合人群 老年人 烹饪方法 炒

韭薹炒鸡胸肉

韭薹含有丰富的蛋白质、脂肪、钙、磷、铁以及维生素、食物纤维等多种营养成分。经常食用韭薹，有生津开胃、增强食欲、促进消化的功效，尤其适宜夜盲症、皮肤粗糙、便秘、干眼病患者食用。

材料

韭薹	300 克	味精	2 克
鸡胸肉	150 克	料酒	3 毫升
红椒丝	30 克	水淀粉	适量
盐	适量	食用油	适量

韭薹

鸡胸肉

红椒丝

盐

小贴士

想要保持鸡胸肉的口感鲜嫩，炒的时候尤其要注意火候。较好的方法是先将其过油，也可以改成滑炒的方式。

制作指导

腌渍鸡胸肉时，可加入少许蛋清抓匀，这样烹制出的鸡肉口感更加嫩滑。

做法演示

1. 将洗好的鸡胸肉切成丝。

2. 将洗净的韭薹切段。

3. 鸡丝加适量盐、水淀粉、食用油拌匀，腌渍片刻。

4. 锅内注油烧热，倒入鸡丝，滑油至断生后捞出。

5. 锅留底油，倒入红椒丝、韭薹炒匀。

6. 倒入鸡丝炒匀。

7. 加入适量盐、味精、料酒调味。

8. 加入少许水淀粉勾芡，继续翻炒均匀。

9. 盛入盘中即可。

口味 鲜　适合人群 一般人群　烹饪方法 炒

豉香鸡块

鸡肉含有丰富的蛋白质，而且消化率高，很容易被人体吸收利用。鸡肉还含有对人体生长发育有重要作用的磷脂类、矿物质及多种维生素，有增强体力、强壮身体的作用，对营养不良、畏寒怕冷、贫血等症也有良好的食疗作用。

材料

鸡肉	500 克	白糖	2 克
豆豉	35 克	料酒	适量
蒜末	35 克	老抽	3 毫升
青椒末	50 克	生抽	适量
红椒末	50 克	淀粉	适量
盐	适量	食用油	适量
味精	3 克		

小贴士

挑选鸡肉时要注意观察，如果发现鸡皮上有红色针眼，针眼周围呈乌黑色，用手摸能感觉表面高低不平，似乎长有肿块一样、不平滑，表示鸡肉很可能注过水。

制作指导

放入调味料调味时，应将火调小，以免鸡肉焦煳粘锅。

做法演示

1. 将鸡肉洗净斩成小件，装入盘中。

2. 加适量料酒、盐、生抽抓匀。

3. 再加少许淀粉抓匀，腌渍 10 分钟至入味。

4. 锅中注油烧热，倒入鸡块。

5. 用锅铲搅散，炸至熟透。

6. 捞起沥油，备用。

7. 锅底留少许油，倒入豆豉、蒜末爆香。

8. 再倒入青椒末、红椒末，翻炒均匀。

9. 倒入鸡块炒匀。

10. 转小火，淋上料酒、老抽。

11. 加盐、味精、白糖炒至入味。

12. 出锅盛入盘中即成。

口味 辣 适合人群 女性 烹饪方法 炒

椒香竹篓鸡

鸡肉中除含有丰富的蛋白质外，还含有烟酸、维生素 B_1、维生素 B_2、维生素 C、维生素 E 等营养成分，具有很高的食疗价值，尤其适宜有疲乏无力、面色萎黄、月经不调、脘腹隐痛、脾胃虚弱等症的人群食用。

材料

鸡肉	300 克	盐	适量
青椒	15 克	味精	2 克
红椒	15 克	料酒	适量
干辣椒	10 克	辣椒油	适量
蒜末	5 克	面粉	适量
白芝麻	5 克	食用油	适量
辣椒粉	适量		

小贴士

此菜有很好的美容养颜效果，非常适合女性朋友食用。

制作指导

炸鸡肉时，应掌握好油温，以五六成热最为适宜。待鸡肉炸至金黄色时，可捞出鸡肉，升高油温，再放入鸡肉浸炸片刻，使其肉质外脆里嫩。

做法演示

1. 将洗净的青椒、红椒对半切开，去籽，切成片。

2. 将洗好的鸡肉斩块，加适量料酒、盐抓匀。

3. 再加适量辣椒油、面粉拌匀，腌渍 10 分钟。

4. 锅中注油烧至五成热，放入鸡块，炸 2 分钟至金黄色。

5. 捞出炸好的鸡块备用。

6. 锅留底油，倒入蒜末、干辣椒煸香。

7. 放入青椒、红椒炒匀。

8. 倒入鸡块，翻炒片刻。

9. 加辣椒油、辣椒粉，拌匀。

10. 加盐、味精、料酒，炒匀。

11. 撒入白芝麻，拌炒均匀。

12. 盛入竹篓内即成。

口味 咸　适合人群 男性　烹饪方法 炖

腊鸡炖莴笋

莴笋不仅味道清新可口，还具有很高的食疗价值，其钾含量大大高于钠含量，有利于平衡人体内的水电解质，对高血压、水肿等症有一定的食疗作用；其含有的大量植物纤维素，能够促进肠道蠕动，通利消化道，可以辅助治疗便秘。

材料

腊鸡	300克	盐	2克
莴笋	200克	味精	2克
青椒	20克	鸡精	2克
红椒	20克	水淀粉	10毫升
生姜片	10克	食用油	适量
蒜末	10克	料酒	适量

小贴士

如果发现腊鸡身上有毛，不要认为它坏了。若没有腥臭味，且仍有浓郁的熏腊味，说明腊鸡仍是好的。

制作指导

因腊鸡本身已很咸，故烹饪时不宜放太多盐。

做法演示

1. 把洗好的腊鸡斩成小件。

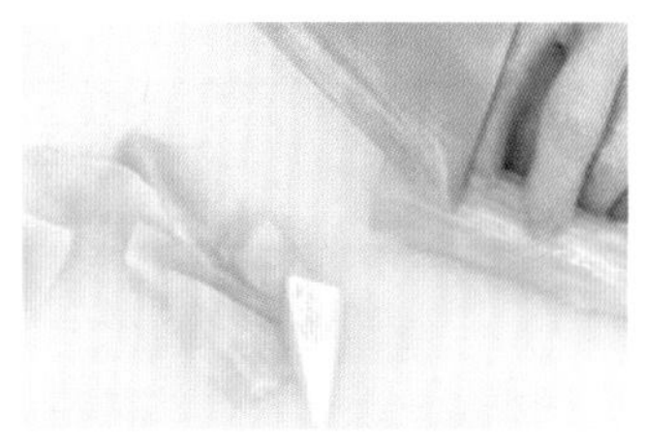

2. 将去皮洗净的莴笋切滚刀块。

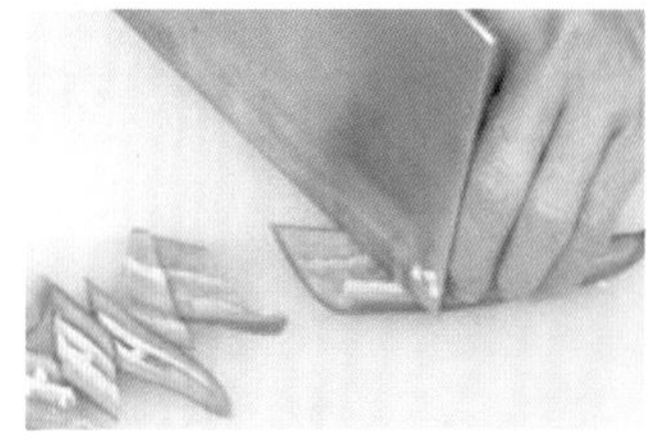

3. 将洗净的青椒、红椒去籽，切小段。

4. 炒锅入油烧热，放入生姜片、蒜末爆香。

5. 倒入腊鸡块炒匀。

6. 淋入料酒，注入适量清水，拌炒均匀。

7. 加盖，煮2～3分钟至七成熟。

8. 揭开盖，放入莴笋，翻炒均匀。

9. 加鸡精、盐、味精调味，拌煮至莴笋熟透。

10. 加青椒、红椒炒匀。

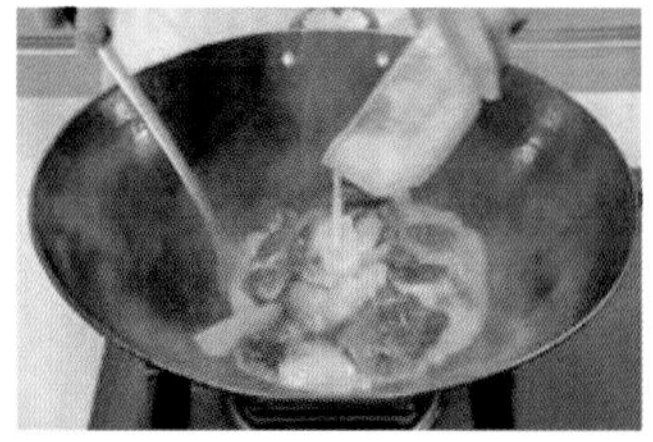

11. 加水淀粉勾芡，继续翻炒。

12. 出锅盛入盘中即成。

口味 鲜　适合人群 一般人群　烹饪方法 炒

泥蒿炒鸡胸肉

泥蒿富含蛋白质、钙、胡萝卜素、维生素、天门冬氨酸、谷氨酸、赖氨酸、微量元素和酸性洗涤纤维等，有清凉、平抑肝火、预防牙病等功效。此外，泥蒿因含有芳香油类物质而具有独特风味，对降血压、降血脂、缓解心血管疾病均有较好的食疗作用。

材料

鸡胸肉	200 克	水淀粉	适量
泥蒿	100 克	盐	适量
黄椒丝	10 克	味精	2 克
红椒丝	10 克	白糖	3 克
葱段	10 克	料酒	3 毫升
蒜末	10 克	食用油	适量

小贴士

泥蒿可以和肉类配合齐炒，也可以辣炒或者凉拌，最能吃出泥蒿清香的是清炒。

制作指导

泥蒿的味道清甜、爽口，质地细嫩。因此，炒制泥蒿的时间不要太久，用大火快速翻炒至断生即可。

做法演示

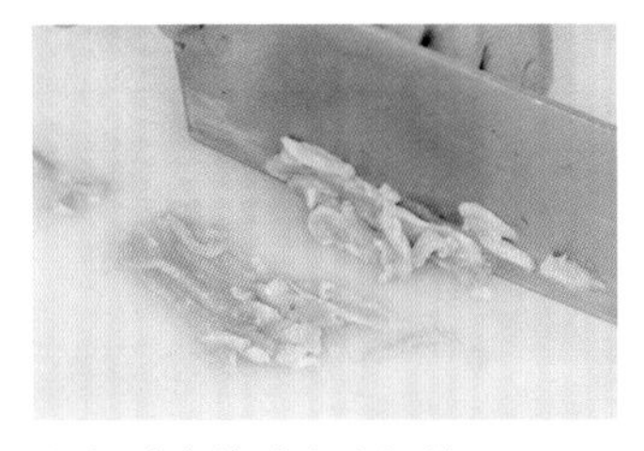

1. 把洗净的鸡胸肉切丝。

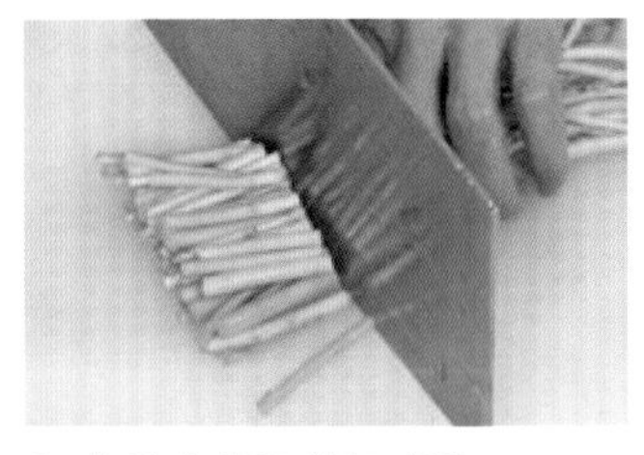

2. 将洗净的泥蒿切成段。

3. 在切好的鸡肉丝中加入适量盐、味精拌匀。

4. 淋入适量水淀粉拌匀。

5. 倒上适量食用油拌匀，腌渍10 分钟。

6. 油锅烧热，倒入鸡肉丝，滑油至断生后捞出。

7. 锅留底油，倒入黄椒丝、红椒丝、蒜末、葱段炒香。

8. 倒入泥蒿炒匀，加料酒炒匀。

9. 倒入鸡肉丝翻炒至熟透。

10. 再加盐、白糖调味，翻炒均匀。

11. 加水淀粉勾芡，翻炒至入味。

12. 盛出装盘即可。

口味 辣　适合人群 孕产妇　烹饪方法 焖

干锅湘味乳鸽

鸽肉含有丰富的蛋白质，但脂肪含量很低，其营养价值优于鸡肉，且比鸡肉易消化吸收，是产妇和婴幼儿的优选营养品。乳鸽骨含有丰富的软骨素，经常食用，可使皮肤变得白嫩、细腻，还能增强皮肤弹性，使面色红润。

材料

乳鸽	1 只	味精	2 克
干辣椒	10 克	蚝油	5 毫升
花椒	5 克	辣椒酱	适量
生姜片	5 克	辣椒油	适量
葱段	5 克	料酒	3 毫升
盐	3 克	食用油	适量

乳鸽

干辣椒

花椒

生姜

小贴士

优质的鸽肉，肌肉有光泽，脂肪洁白；劣质的鸽肉，肌肉颜色稍暗，脂肪也缺乏光泽。

制作指导

烹饪乳鸽时，可加入生姜片和蒜蓉同炒，这样不仅可以去腥，还可预防感冒；加入少许干辣椒一起炒，还具有开胃消食的作用。

做法演示

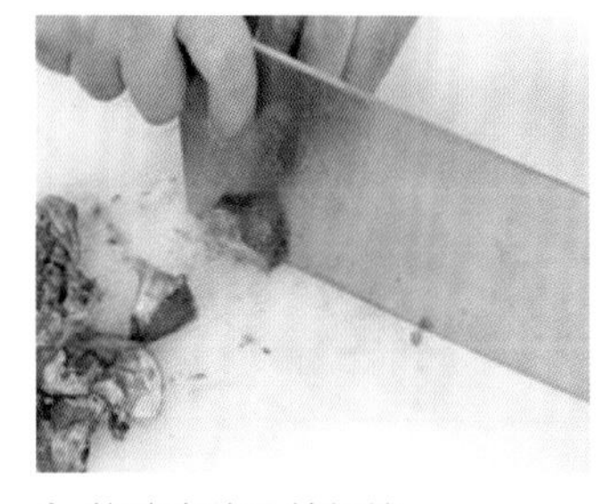
1. 将洗净的乳鸽斩块。

2. 油锅烧热，倒入鸽肉翻炒 2 ~ 3 分钟至熟。

3. 再倒入生姜片、花椒、干辣椒翻炒入味。

4. 加少许料酒炒匀，倒入少许清水。

5. 加盖焖煮片刻。

6. 揭盖，加盐、味精、蚝油、辣椒酱拌匀调味。

7. 淋入适量辣椒油拌匀。

8. 撒入葱段翻炒均匀。

9. 即可出锅。

口味 酸　适合人群 一般人群　烹饪方法 炒

酸萝卜炒鸡胗

酸萝卜中的芥子油能促进胃肠蠕动、增加食欲、帮助消化。酸萝卜中的淀粉酶可以分解食物中的淀粉、脂肪，使之得到充分的吸收。酸萝卜还含有木质素，能够提高巨噬细胞的活力，吞噬癌细胞，因而具有一定的防癌抗癌功效。

材料

鸡胗	250 克	盐	适量
酸萝卜片	250 克	白糖	3 克
生姜片	5 克	料酒	适量
蒜末	5 克	辣椒酱	适量
葱白	5 克	水淀粉	适量
味精	3 克	食用油	适量
淀粉	适量		

小贴士

鸡胗里常常含有很多沙，为了清洗干净，可以在鸡胗里加入盐和淀粉，摩擦清理。此外，鸡胗的褶皱处应该翻开清理。

制作指导

酸萝卜切片后，用水泡 30 分钟，可去掉多余的咸酸味。

做法演示

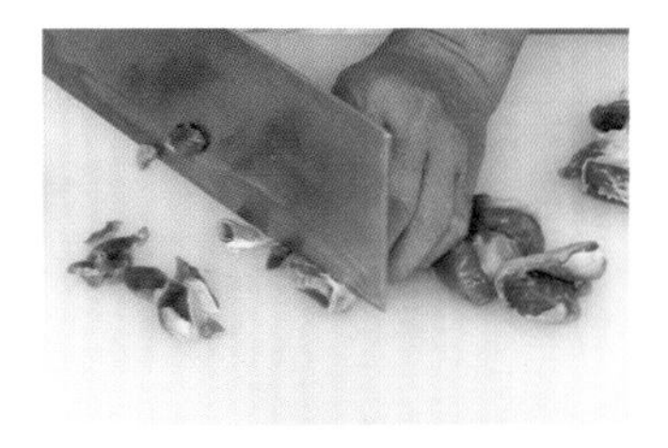

1. 将处理干净的鸡胗打花刀，再切成片。

2. 在鸡胗中加入适量料酒、盐、淀粉拌匀，腌渍片刻。

3. 锅中加清水烧开，倒入鸡胗，汆烫片刻后捞出。

4. 油锅烧热，放入生姜片、蒜末、葱白爆香。

5. 然后倒入鸡胗炒香。

6. 倒入适量料酒炒匀。

7. 加入酸萝卜片翻炒至熟。

8. 放入适量味精、盐、白糖，再加入少许清水翻炒。

9. 加辣椒酱炒匀。

10. 加入水淀粉勾芡。

11. 淋入熟油拌匀。

12. 盛入盘中即可。

口味 酸　适合人群 一般人群　烹饪方法 炒

泡豆角炒鸡柳

泡豆角含有丰富的优质蛋白质、碳水化合物及多种维生素、微量元素等营养物质，可补充人体营养。泡豆角所含的 B 族维生素，能维持正常的消化腺分泌和胃肠道蠕动的功能，可帮助消化、增进食欲。

材料

鸡胸肉	200 克	盐	适量
泡豆角	70 克	味精	2 克
青椒	15 克	料酒	6 毫升
红椒	15 克	水淀粉	适量
蒜末	10 克	食用油	适量
葱白	10 克		

小贴士

购买豆角时，可以用手轻轻地捏一下，如果很紧实就说明豆角新鲜，如果捏上去很空，说明不是新鲜的豆角。

制作指导

如果自己制作泡豆角，应选用色泽好、大小一致、无虫蛀的新鲜嫩豆角。

做法演示

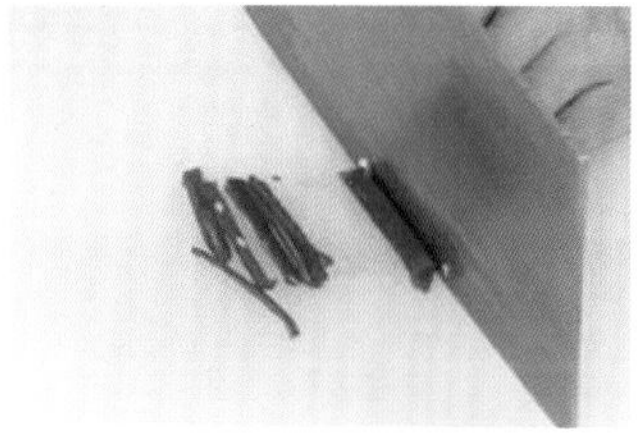

1. 将红椒、青椒分别洗净，切条。

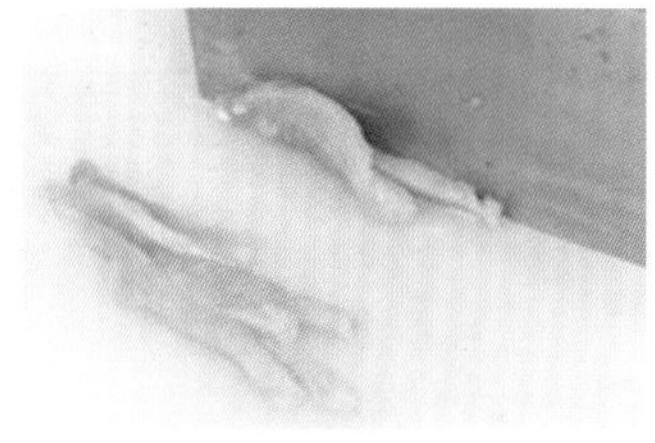

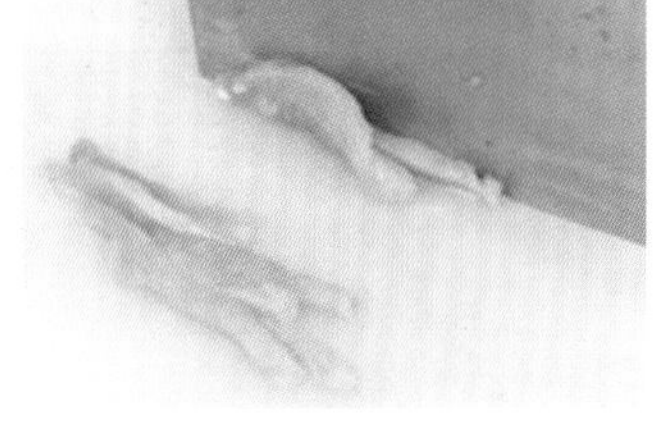

2. 将洗净的鸡胸肉先切片，再切成条。

3. 在鸡肉条中加适量盐、水淀粉、食用油拌匀，腌渍入味。

4. 热锅注油，烧至四成热，倒入鸡肉条，滑油片刻后捞出。

5. 锅留底油，加入蒜末、葱白爆香。

6. 再倒入青椒、红椒翻炒。

7. 放入洗净的泡豆角炒匀。

8. 倒入滑好油的鸡肉条。

9. 加适量料酒、味精、盐翻炒入味。

10. 加入少许水淀粉勾芡。

11. 淋入熟油拌炒均匀。

12. 盛出装盘即可。

口味 辣　适合人群 一般人群　烹饪方法 炒

尖椒炒鸭胗

鸭胗含有碳水化合物、蛋白质、脂肪、维生素 C、维生素 E 和钙、镁等矿物质。其铁元素含量较为丰富，女性可以适当多食用一些。鸭胗还有健胃的功效，胃病患者适量食用鸭胗，可帮助消化，增强脾胃功能。

材料

鸭胗	250 克	淀粉	适量
生姜片	10 克	味精	2 克
青尖椒	20 克	水淀粉	适量
红尖椒	20 克	蚝油	5 毫升
葱段	10 克	香油	5 毫升
料酒	适量	食用油	适量
盐	适量		

小贴士

吃饭不香或食欲不佳时，吃上几片生姜或在菜里放上一点儿嫩生姜，能改善食欲，增加饭量。

制作指导

清洗鸭胗时，可以加少许盐搓洗，并撕掉表面的黄膜和白筋，这样处理之后烹饪出来的鸭胗腥味较少，且不油腻。

做法演示

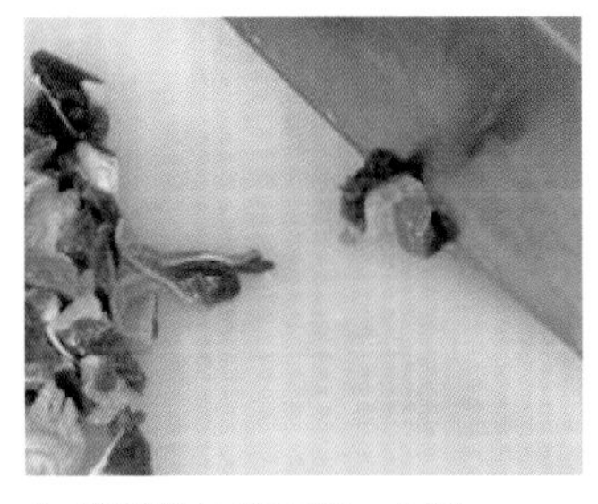

1. 将鸭胗处理干净，切片。

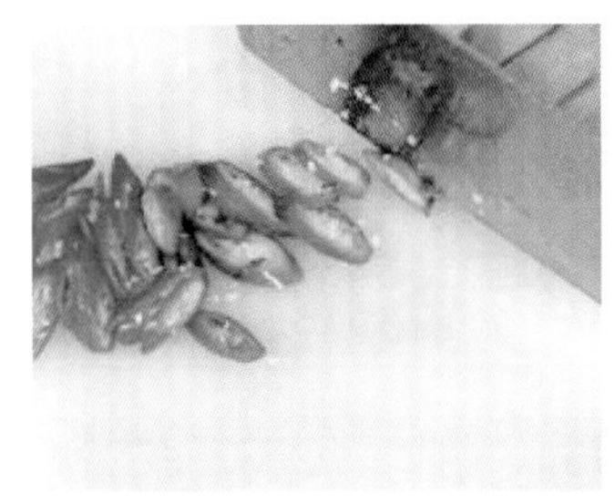

2. 将红尖椒、青尖椒分别洗净，斜切段。

3. 在鸭胗中加入适量料酒、盐、淀粉拌匀，腌渍 10 分钟。

4. 油锅烧热，倒入鸭胗爆香。

5. 加入生姜片、葱段，炒 2 ~ 3 分钟至熟。

6. 倒入青尖椒、红尖椒，拌炒至熟。

7. 加适量盐、味精、蚝油调味。

8. 再加水淀粉勾芡，淋入少许香油拌匀。

9. 装盘即成。

口味 鲜　适合人群 女性　烹饪方法 炒

韭薹炒鸭肠

韭薹富含钙、磷、铁、胡萝卜素、维生素 C 等成分。此外，韭薹含有的含硫化合物具有降血脂及扩张血管的作用。这种化合物能使黑色素细胞内的酪氨酸系统功能增强，从而改变皮肤毛囊的黑色素，消除皮肤白斑，并使头发乌黑发亮。

材料

韭薹	200 克	盐	适量
鸭肠	180 克	鸡精	2 克
生姜片	10 克	味精	2 克
蒜末	10 克	料酒	适量
红椒丝	10 克	食用油	适量

韭薹

鸭肠

生姜片

蒜末

小贴士

韭薹在市场上每年常常只能见到一星期，时间一过，韭薹开花结籽，韭白枯老，便不能吃了。所以，爱吃韭薹的人应该把握好韭薹开花的时机。

制作指导

汆烫鸭肠时，可以加入少许小苏打，能减少汆水的时间。

做法演示

1. 将洗净的韭薹切段。

2. 将洗净的鸭肠切段。

3. 锅中注适量清水，加适量料酒、盐，烧开。

4. 倒入鸭肠汆去异味，汆至断生后捞出备用。

5. 热锅注油，放入生姜片、蒜末、红椒丝炒香。

6. 加入鸭肠，淋入料酒略炒。

7. 再放入韭薹炒约 1 分钟。

8. 加适量盐、鸡精、味精，翻炒均匀至入味。

9. 盛入盘内即可。

口味 **辣**　适合人群 **男性**　烹饪方法 **炒**

豆豉青椒炒鹅肠

豆豉作为调味品，具有去腥提味的作用，其特有的香气还可以使人增加食欲。此外，豆豉还含有蛋白质、脂肪、碳水化合物等营养成分，入药具有清热透疹、发汗解表、宣郁解毒、宽中除烦等功效。

材料

熟鹅肠	200 克	味精	2 克
青椒	30 克	鸡精	2 克
红椒	15 克	蚝油	5 毫升
豆豉	10 克	辣椒酱	适量
蒜末	10 克	料酒	3 毫升
生姜片	10 克	水淀粉	适量
葱白	10 克	食用油	适量
盐	2 克		

小贴士

选购鹅肠时，要选那些宽厚、颜色呈土黄色且带点红色的，还要看鹅肠上的肠油是否去除干净，越干净的越好。

制作指导

买回的冷冻鹅肠，应该连包装一起放在冷水里解冻，一定不要放在热水或者温水里。

做法演示

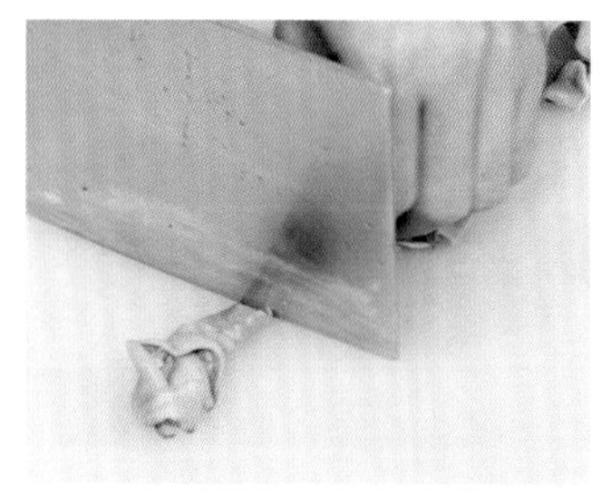

1. 将熟鹅肠洗净切成段。

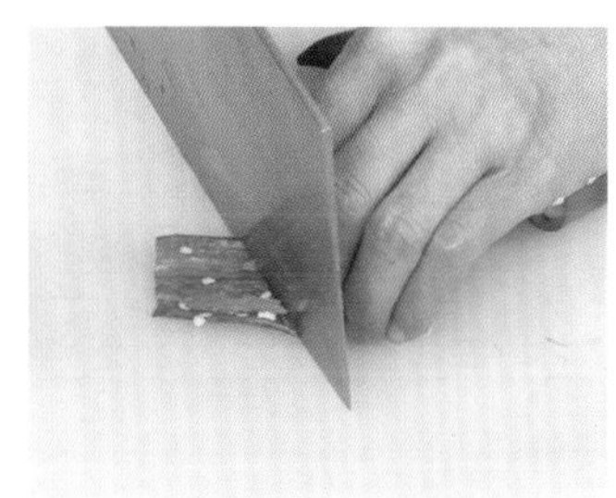

2. 将洗好的红椒、青椒切片。

3. 热锅注油，入蒜末、生姜片、葱白、豆豉、鹅肠炒匀。

4. 加料酒，再加入青椒、红椒炒香。

5. 倒入辣椒酱炒匀。

6. 加少许清水，调入盐、味精、鸡精、蚝油炒匀。

7. 加入少许水淀粉勾芡。

8. 继续翻炒均匀。

9. 盛入盘内即可。

口味 咸　适合人群 老年人　烹饪方法 炒

咸蛋炒茄子

茄子的营养比较丰富，含有蛋白质、脂肪、碳水化合物、维生素以及钙、磷、铁等多种营养成分。此外，茄子还含有维生素 E，有预防出血和抗衰老的功能。常吃茄子，可维持血液中的胆固醇水平，对延缓人体衰老具有积极的意义。

材料

茄子	200 克	盐	2 克
熟咸蛋	1 个	味精	2 克
青椒	15 克	白糖	3 克
红椒	15 克	鸡精	2 克
蒜末	10 克	老抽	3 毫升
葱白	10 克	辣椒酱	适量
蚝油	5 毫升	淀粉	适量
料酒	3 毫升	食用油	适量

小贴士

咸蛋味甘，性凉，有滋阴、清肺、丰肌、泽肤、除热等功效，是阴虚火旺者的食疗补品。咸蛋煮食还可以辅助治疗泻痢。

制作指导

烹饪此菜时要注意，炸茄子的油温不宜过高，否则会将茄子炸老，从而影响成菜的口感。

做法演示

1. 将茄子洗净切小块，撒少许淀粉拌匀。

2. 将青椒、红椒均洗净，切片。

3. 熟咸蛋去除蛋壳，再切成小块。

4. 油锅烧至六成热，入茄子炸至浅黄色，捞出备用。

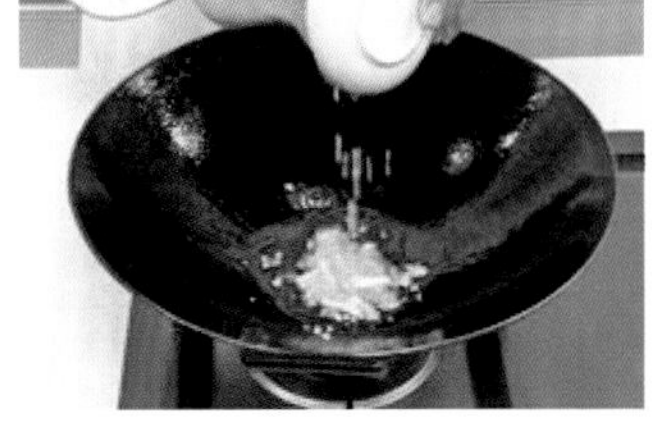

5. 锅留底油，入蒜末、葱白爆香。

6. 再倒入青椒、红椒炒香。

7. 倒入炸好的茄子。

8. 加入蚝油，淋上料酒。

9. 加盐、味精、白糖、鸡精、老抽。

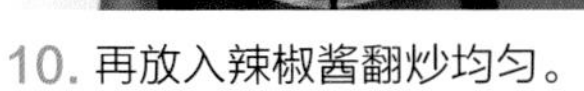

10. 再放入辣椒酱翻炒均匀。

11. 加入熟咸蛋炒匀。

12. 盛入盘中即可。

口味 辣　适合人群 一般人群　烹饪方法 炒

荷包蛋炒肉片

鸡蛋是人类理想的天然食品，含有大量的维生素、蛋白质、脂肪、卵磷脂和铁、钙、钾等人体所需矿物质。其所含的蛋白质对肝脏组织损伤有修复作用，而蛋黄中的卵磷脂可促进肝细胞的再生。所以，常吃鸡蛋对肝脏非常有益。

材料

猪瘦肉	200 克	水淀粉	适量
鸡蛋	2 个	生抽	5 毫升
青椒片	15 克	老抽	适量
朝天椒	10 克	蚝油	6 毫升
生姜片	10 克	料酒	适量
蒜末	10 克	香油	5 毫升
葱白	5 克	辣椒酱	少许
盐	适量	食用油	适量
味精	2 克		

小贴士

煎荷包蛋时，要等底部凝固了再翻面，动作要轻且快，否则容易把蛋黄铲破。

制作指导

煎蛋时，油受高温容易外溅，可以在油锅中加一点面粉，这样不仅可以起到防爆的效果，煎出的蛋颜色也好看。

做法演示

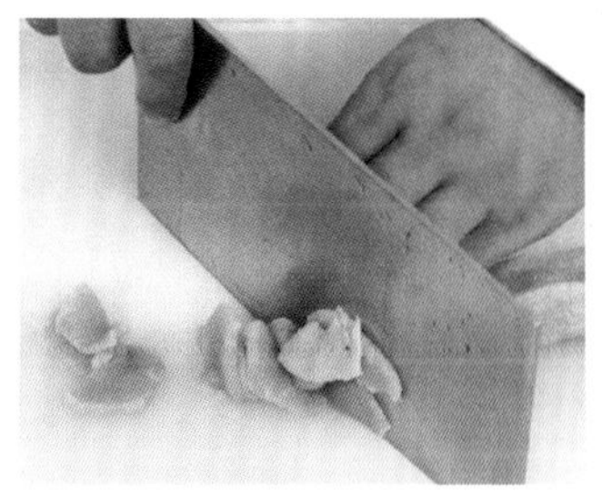

1. 将猪瘦肉洗净，切片。

2. 在肉片中加入适量老抽、料酒、盐、水淀粉拌匀，腌渍片刻。

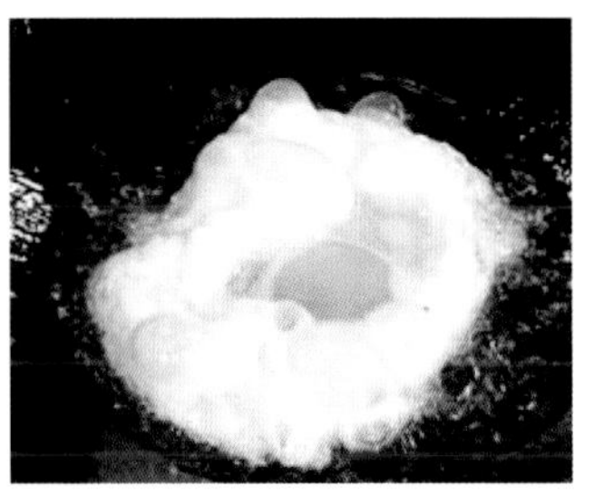

3. 热锅注油，打入鸡蛋，小火煎至两面呈金黄色。

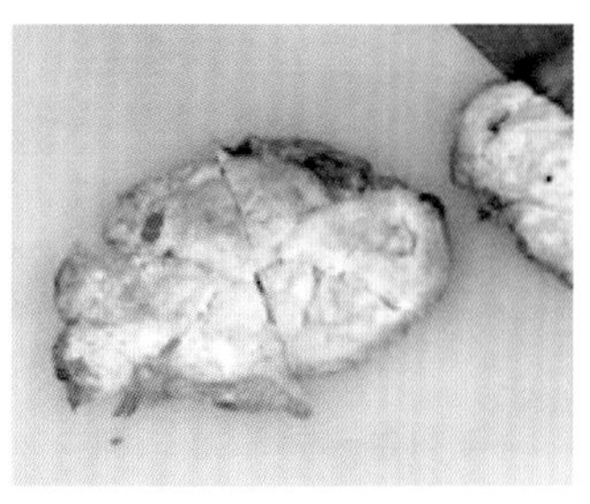

4. 盛出鸡蛋，待凉后将荷包蛋切成块。

5. 再起锅入油烧热，放入肉片炒熟，加辣椒酱炒匀。

6. 倒入生姜片、蒜末、葱白炒香，再入青椒片、朝天椒炒匀。

7. 加入荷包蛋翻炒片刻，加适量盐、味精、蚝油、生抽调味。

8. 最后用少许水淀粉勾芡。

9. 淋上香油即成。

口味 咸　适合人群 一般人群　烹饪方法 炒

萝卜干炒鸡胗

萝卜干不仅咸香脆嫩，还含有丰富的蛋白质、胡萝卜素以及钙、磷等矿物质，且其铁含量很高，位于蔬菜类前列。萝卜干还含有丰富的 B 族维生素，具有降血脂、降血压、开胃、清热生津等功效。

材料

萝卜干	200 克	生抽	适量
鸡胗	150 克	盐	适量
青椒丁	10 克	味精	2 克
红椒丁	10 克	淀粉	适量
生姜片	10 克	老抽	5 毫升
蒜末	10 克	食用油	适量
料酒	适量		

小贴士

好的萝卜干色泽黄亮、条形均匀、肉质厚实、香气浓郁、脆嫩爽口，具有新鲜萝卜的自然甜味，吃后富有回味。

制作指导

萝卜干咸味较重，因此焯水的时间可以长一些，以去除其多余的盐分。

做法演示

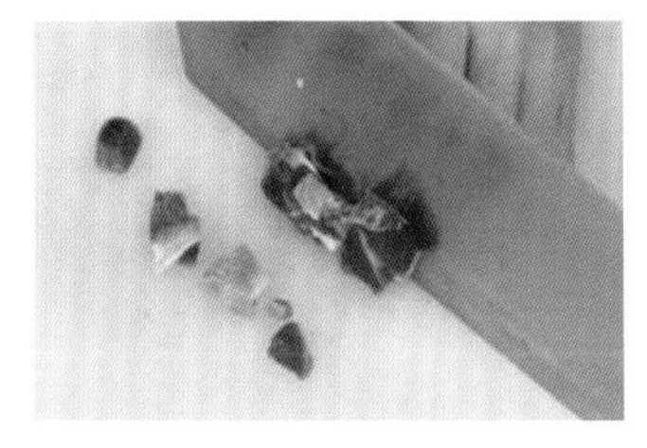

1. 把处理干净的鸡胗切成丁。

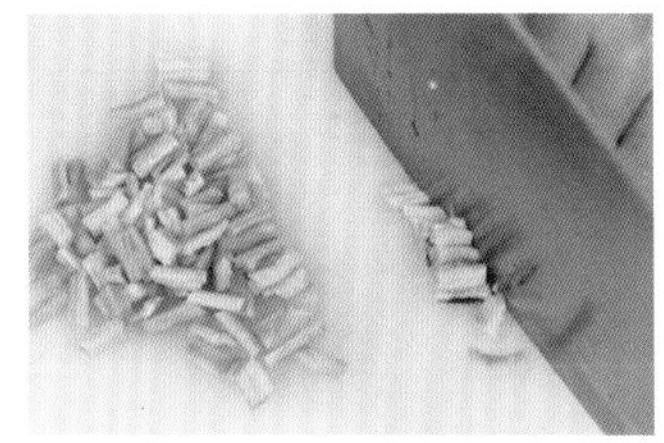

2. 将洗净的萝卜干切成粒。

3. 在鸡胗中加入适量料酒、生抽、盐、味精拌匀。

4. 撒上适量淀粉拌匀，腌渍至入味。

5. 锅中注水，放入萝卜干和少许食用油。

6. 焯煮片刻，捞出沥干备用。

7. 起油锅，烧至四成热，倒入生姜片、蒜末爆香。

8. 倒入鸡胗翻炒均匀。

9. 倒入萝卜干，淋入少许料酒炒匀。

10. 放入青椒丁、红椒丁炒匀。

11. 加少许老抽，翻炒至熟。

12. 出锅装盘即成。

口味 辣　适合人群 一般人群　烹饪方法 炒

香辣孜然鸡

孜然含有丰富的蛋白质、脂肪、无机盐以及钙、铁、镁、钾、锌、铜、磷等多种矿物质，具有利尿通淋、镇静安神、醒脑通脉、降火平肝、祛风止痛、祛寒除湿等功效，还可以缓解肠胃气胀并有助于消化。

材料

卤鸡	450 克	味精	2 克
朝天椒末	15 克	料酒	3 毫升
生姜片	10 克	蚝油	5 毫升
葱花	10 克	辣椒粉	适量
白芝麻	10 克	孜然粉	适量
盐	2 克	食用油	适量

鸡

朝天椒

生姜片

葱花

小贴士

炒朝天椒的时间不宜过长，否则口感会变软。另外，上火者应该少食辣椒。

制作指导

炸鸡块时，油温不宜过高，五六成热时下入鸡块最适宜。油温过高鸡皮容易焦，影响成菜的美观。

做法演示

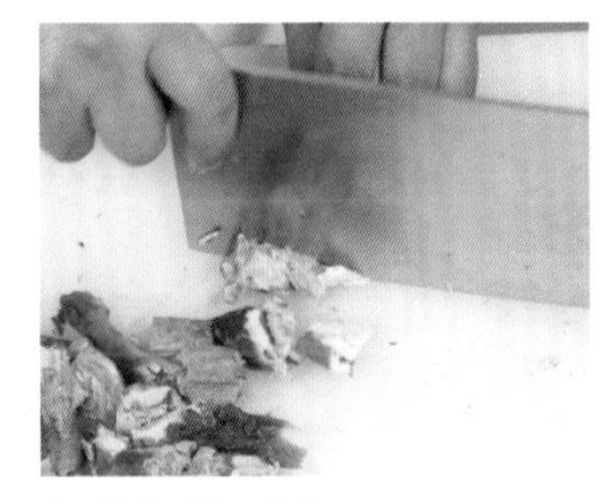
1. 将卤鸡斩成块。

2. 油锅烧至五成热，倒入鸡块炸约 2 分钟，捞出备用。

3. 锅留底油，倒入朝天椒末、生姜片煸香。

4. 倒入炸好的鸡块，翻炒均匀。

5. 加入盐和味精炒匀。

6. 再淋入料酒、蚝油，炒 1 分钟至入味。

7. 撒入辣椒粉和孜然粉，快速拌炒均匀。

8. 再撒入葱花炒匀。

9. 盛入盘内，撒上白芝麻即成。

口味 辣　适合人群 一般人群　烹饪方法 炒

尖椒爆鸭

鸭肉的营养价值非常高，尤其适合在寒冷的冬季食用。鸭肉含有丰富的蛋白质、脂肪、碳水化合物、维生素 A 以及磷、钾等矿物质，具有补肾、消水肿、止咳化痰的功效，对肺结核也有很好的食疗作用。

材料

熟鸭肉	200 克	盐	3 克
青尖椒片	100 克	水淀粉	适量
豆瓣酱	10 克	白糖	3 克
干辣椒	5 克	料酒	3 毫升
蒜末	5 克	老抽	3 毫升
生姜片	5 克	生抽	4 毫升
葱段	5 克	食用油	适量

小贴士

公鸭肉性微寒，母鸭肉性微温。

制作指导

烹饪此菜时，若选用鲜鸭肉烹制，可先用少许白酒和盐将鸭肉抓匀，腌渍 5 分钟。这样不仅能有效去除鸭肉的腥味，而且还能为菜肴增香。

做法演示

1. 将熟鸭肉洗净斩成块。

2. 锅中注油，烧至五成热，倒入鸭块。

3. 小火炸约 2 分钟至表皮呈金黄色时，捞出备用。

4. 锅留底油，倒入蒜末、生姜片、部分葱段、干辣椒煸香。

5. 倒入炸好的鸭块翻炒片刻。

6. 加豆瓣酱炒匀。

7. 淋入料酒、老抽、生抽炒匀。

8. 倒入少许清水，煮沸后加盐、白糖炒匀。

9. 倒入青尖椒片，拌炒至熟。

10. 加少许水淀粉勾芡，炒匀。

11. 撒入剩余葱段炒匀。

12. 盛入盘内即成。

口味 辣 适合人群 一般人群 烹饪方法 拌

青椒拌皮蛋

皮蛋是由鲜鸭蛋或鲜鸡蛋腌渍而成的，胆固醇含量较腌渍之前下降了 20% 以上，且其中的蛋白质与脂质被分解，更易于被人体吸收。此外，皮蛋还具有泄热、醒酒、去火等功效，对眼疼、牙疼、耳鸣眩晕以及高血压等症有一定的食疗效果。

材料

青椒	50 克	味精	1 克
皮蛋	2 个	白糖	5 克
蒜末	10 克	生抽	5 毫升
盐	1 克	陈醋	5 毫升

青椒

皮蛋

蒜末

盐

小贴士

食用皮蛋时，加点陈醋，既能杀菌，又能中和皮蛋的部分碱性，使口感更加美味。

制作指导

在切皮蛋时，要注意用力适度、均衡，如果力度不够，皮蛋不容易被切成型，从而影响成品的外观。

做法演示

1. 把洗净的青椒切成圈。

2. 将已去皮的皮蛋切成小块。

3. 锅中加适量清水烧开，倒入青椒搅散。

4. 煮约 30 秒至熟，捞出，沥干水分装碗。

5. 加入切好的皮蛋。

6. 倒入蒜末，加入盐、味精、白糖、生抽。

7. 再倒入陈醋。

8. 拌约 1 分钟，使其入味。

9. 盛入盘中即可。

口味 辣 适合人群 一般人群 烹饪方法 炒

剁椒荷包蛋

鸡蛋的营养价值极高，其所含的蛋白质的氨基酸比例比较接近人体生理需要，易被机体吸收，利用率可高达 98%。此外，鸡蛋含有的丰富营养成分对增进神经系统的功能大有裨益，是良好的健脑食品。

材料

鸡蛋	4 个	红椒末	10 克
剁椒	60 克	食用油	适量
青椒末	10 克		

鸡蛋

剁椒

青椒

红椒末

做法

1. 锅中注入适量食用油，烧热，打入鸡蛋。
2. 煎至两面金黄，制成荷包蛋。
3. 依次制成 4 个荷包蛋，取出，分别对半切开。
4. 锅留底油，倒入剁椒、青椒末、红椒末炒香。
5. 加入少许清水炒匀。
6. 倒入切好的荷包蛋，拌炒均匀。
7. 盛入盘中即可。

第四章

水产类

水产一般是指海洋、江河、湖泊出产的动物或植物。水产具有蛋白质含量丰富、胆固醇含量低的特点，一向深受人们喜爱。此外，水产与其他肉类相比，还可以为人体提供更加丰富的营养，对人的健康也更为有利。

口味 辣　适合人群 一般人群　烹饪方法 蒸

野山椒蒸草鱼

草鱼含有丰富的不饱和脂肪酸，有助于促进血液循环，是心血管疾病患者的良好食物。此外，草鱼还含有丰富的硒元素，经常食用可以起到延缓衰老、美容养颜的效果，对肿瘤等症也有一定的防治作用。

材料

草鱼	300 克	红椒丝	5 克
野山椒	20 克	盐	3 克
生姜丝	5 克	味精	2 克
蒜末	5 克	料酒	适量
生姜末	5 克	食用油	适量
葱丝	5 克	豉油	少许

草鱼

野山椒

生姜

蒜末

小贴士

腌渍前，先在草鱼身上划上几刀，更易腌渍入味。

制作指导

腌渍鱼肉的时候，还可以加入少许胡椒粉和白酒，这样能更好地去腥提鲜。蒸草鱼时，一定要先烧开蒸锅里面的水，然后再下锅蒸。

做法演示

1. 将野山椒洗净切碎，装入盘中，加入生姜末、蒜末。

2. 加入盐、味精、料酒，拌匀。

3. 将野山椒末放在洗净的草鱼上，腌渍入味。

4. 将腌好的草鱼放入蒸锅。

5. 盖上盖，大火蒸约 10 分钟至熟透。

6. 揭盖，取出蒸熟的草鱼。

7. 撒入生姜丝、红椒丝、葱丝。

8. 锅中倒入少许食用油，烧热。

9. 将热油淋在蒸熟的草鱼上，盘底浇入豉油即可。

口味 辣　适合人群 孕产妇　烹饪方法 蒸

老干妈蒸刁子鱼

刁子鱼含有丰富的优质蛋白、叶酸、钙、磷、钾、碘、维生素 A、维生素 D 以及 B 族维生素等营养成分，有滋补健胃、利水消肿、通乳、清热解毒等功效，水肿、腹胀、乳汁不通者食用刁子鱼有不错的食疗效果。

材料

刁子鱼	200 克	生姜丝	10 克
老干妈	40 克	辣椒酱	适量
生姜末	35 克	生抽	6 毫升
蒜末	20 克	食用油	适量
红椒圈	15 克		

小贴士

刁子鱼洗净后，最好用厨房纸将其表面水分吸干，以免影响炸制时的香酥口感。

制作指导

炸刁子鱼时，应高油温投入略炸，再转中火浸炸，边炸边晃动锅，让鱼受热均匀，使其快速定型。

做法演示

1. 热锅注油，烧至五成热。

2. 倒入洗净擦干的刁子鱼。

3. 炸至金黄色时，捞出装盘。

4. 锅留底油，倒入生姜末、蒜末、红椒圈。

5. 加老干妈、辣椒酱炒香。

6. 加生抽炒匀，制成酱料。

7. 然后将炒好的酱料浇在刁子鱼上。

8. 撒上生姜丝。

9. 转到蒸锅。

10. 盖上盖，蒸约 30 分钟。

11. 揭盖后取出。

12. 浇上热油即成。

口味 咸 适合人群 一般人群 烹饪方法 炒

蒜苗炒腊鱼

腊鱼含有蛋白质、维生素 A、磷、钙、铁等营养成分，具有健脾和胃的保健功效。蒜苗的营养价值也很高，其含有的辣素具有消食、杀菌、抑菌的作用，能在一定程度上预防流感、肠炎等因环境污染引起的疾病。

材料

腊鱼	150 克	蚝油	5 毫升
蒜苗	50 克	料酒	3 毫升
胡萝卜片	20 克	水淀粉	适量
生姜片	10 克	香油	适量
味精	1 克	食用油	适量

小贴士

蒜苗能保护肝脏，激发肝细胞脱毒酶的活性，可以阻止亚硝胺致癌物质的合成，对预防癌症有一定的作用。

制作指导

腊鱼表面附着较多的盐分和杂质，烹饪前要用热水清洗干净。

做法演示

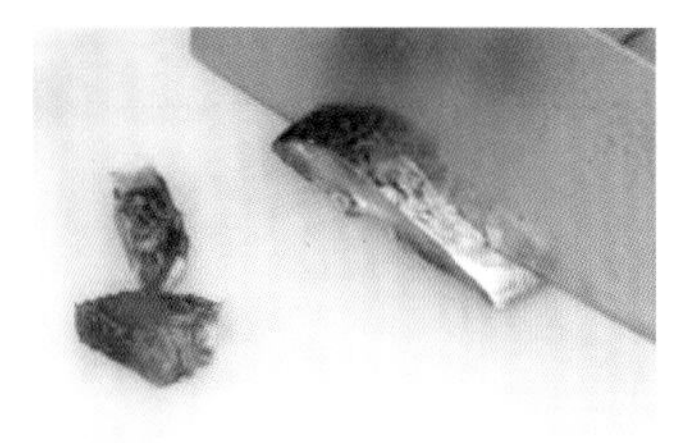

1. 将腊鱼洗净切块。

2. 将蒜苗洗净切段。

3. 将切好的腊鱼、蒜苗装入盘中。

4. 油锅烧热，放入生姜片爆香。

5. 倒入腊鱼，翻炒均匀。

6. 淋入料酒。

7. 倒入蒜苗梗，拌炒 2 ~ 3 分钟至熟。

8. 加少许味精、蚝油，炒匀调味。

9. 加水淀粉勾芡。

10. 倒入蒜苗叶和胡萝卜片炒匀。

11. 淋入少许香油炒匀。

12. 出锅盛入盘内即成。

口味 辣　适合人群 一般人群　烹饪方法 蒸

剁椒武昌鱼

武昌鱼含有丰富的蛋白质、脂肪、碳水化合物、钙、磷、铁、维生素 B_{12}、烟酸等营养成分，经常食用，可以预防贫血、低血糖、高血压和动脉硬化等疾病，适宜体虚、营养不良、不思饮食者食用。

材料

武昌鱼	1 条	味精	适量
泡椒	40 克	鸡精	适量
剁椒	40 克	胡椒粉	适量
生姜片	10 克	淀粉	适量
红椒圈	10 克	生抽	6 毫升
葱花	10 克	食用油	适量
盐	适量		

小贴士

武昌鱼的表皮有一层非常滑的黏液，切起来不太容易，切鱼之前，先将手放在盐水中浸泡一下，切鱼时手就不会打滑了。

制作指导

武昌鱼肉质细，纤维短，极易破碎，切鱼时最好顺着鱼刺切。

做法演示

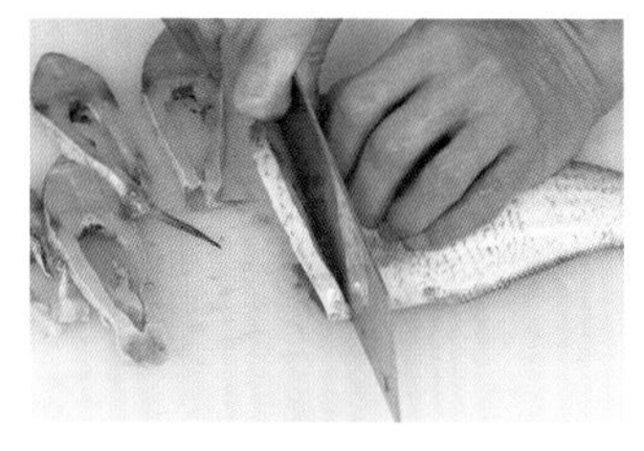

1. 将处理好的武昌鱼切下鱼头、鱼尾，将鱼肉切片。

2. 在鱼片中加入适量盐、味精、鸡精、胡椒粉拌匀。

3. 将鱼片摆入盘中，再摆入鱼头、鱼尾。

4. 将泡椒洗净切碎，与剁椒、生姜片一同放入碗中。

5. 加适量淀粉、盐、味精、鸡精、食用油，拌匀成调料。

6. 将拌好的调料撒在鱼片上。

7. 放上红椒圈。

8. 将整盘放入蒸锅。

9. 加盖，蒸约 7 分钟至熟。

10. 揭盖，取出蒸熟的鱼片，撒上葱花。

11. 锅中加少许食用油，烧至五成热。

12. 将热油浇在鱼片上，淋少许生抽即成。

口味 鲜　适合人群 一般人群　烹饪方法 炒

豉椒炒蛏子

蛏子不仅味道鲜美，还具有很高的营养价值，它含有丰富的碘和硒，是甲状腺功能亢进患者、孕妇、老年人良好的保健食物。此外，蛏子还具有补虚的功效，经常食用有利于补充脑部营养。

材料

蛏子	300 克	盐	3 克
青椒	50 克	味精	2 克
红椒	50 克	白糖	3 克
豆豉	15 克	蚝油	5 毫升
生姜片	20 克	水淀粉	适量
蒜末	15 克	食用油	适量
料酒	5 毫升		

小贴士

烹饪蛏子前，可以先将蛏子放入含有少量盐分的清水中养半天，使蛏子吐净腹中的泥沙。

制作指导

蛏子入锅炒制的时间不宜太长，因为蛏子已经汆烫过，如果炒制太久，就失去鲜嫩的口感。

做法演示

1. 将青椒洗净，切片。

2. 将红椒洗净，切片。

3. 锅中加水烧开，倒入蛏子汆至断生后，捞出洗净。

4. 油锅烧热，倒入生姜片、蒜末、豆豉炒香。

5. 倒入青椒、红椒翻炒片刻。

6. 倒入蛏子，翻炒约 2 分钟至熟透。

7. 加料酒、盐、味精、白糖、蚝油、清水，翻炒入味。

8. 加水淀粉勾芡后，继续翻炒至均匀。

9. 盛出装盘即可。

口味 辣　适合人群 儿童、老年人　烹饪方法 蒸

剁椒鱼头

鱼头肉质细嫩，除了含有蛋白质、钙、磷、铁、维生素 B_1 之外，还含有卵磷脂，可增强记忆、思维和分析能力。鱼头还含有丰富的不饱和脂肪酸，它对人脑的发育尤为重要，可使大脑细胞活跃。常吃鱼头不仅可以健脑，还可延缓脑力衰退。

材料

鱼头	450 克	生姜片	10 克
剁椒	100 克	盐	适量
葱花	10 克	味精	适量
葱段	10 克	蒸鱼豉油	适量
蒜末	10 克	料酒	10 毫升
生姜末	10 克	食用油	适量

小贴士

要待水烧开后再放入鱼头蒸，当鱼眼突出时，鱼头即熟。蒸鱼时加入一些蒸鱼豉油，味道更棒。

制作指导

鱼头上锅蒸制之前，腌渍时间不要太长，以 10 分钟左右为佳。

做法演示

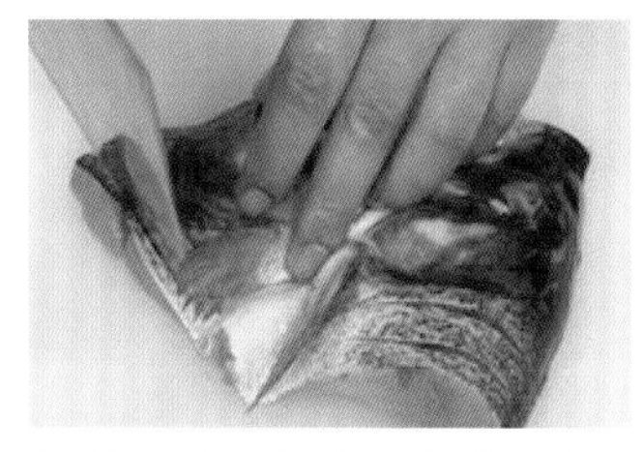

1. 将鱼头洗净，切成相连两半，在鱼肉上划一字刀。

2. 用料酒抹匀鱼头，鱼头内侧再抹上适量盐和味精。

3. 将剁椒、生姜末、蒜末装入碗中。

4. 加少许盐、味精抓匀。

5. 将调好味的剁椒铺在鱼头上。

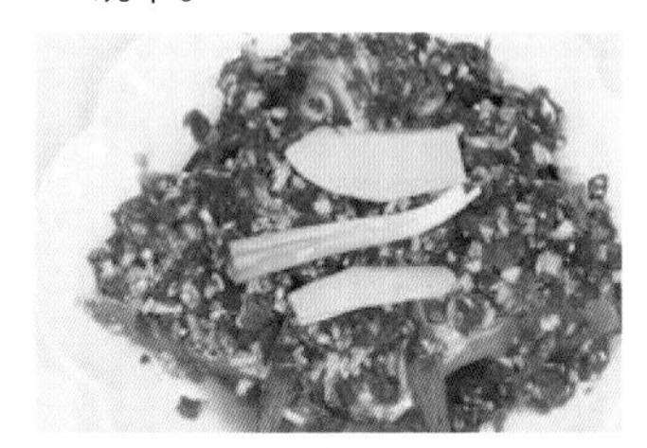

6. 鱼头翻面，铺上剁椒、葱段和生姜片，腌渍入味。

7. 蒸锅注水烧开，放入鱼头。

8. 加盖，用大火蒸约 10 分钟至熟透。

9. 揭盖，取出蒸熟的鱼头，挑去生姜片和葱段。

10. 淋上蒸鱼豉油。

11. 撒上葱花。

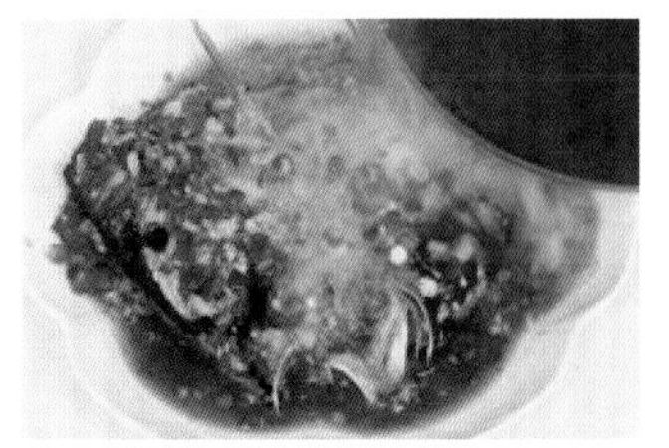

12. 油烧热，浇在鱼头上即可。

口味 辣　适合人群 儿童　烹饪方法 炒

韭薹炒小鱼干

小鱼干多是以青鱼、草鱼、鲢鱼、鲫鱼、鲤鱼、鳜鱼等优质鱼类为原料加工而成，不仅具有香味浓郁、口感良好、容易消化的特点，还含有丰富且质优的蛋白质。此外，适量吃些小鱼干，还有利于维持体能。

材料

韭薹	300 克	味精	2 克
小鱼干	40 克	水淀粉	适量
生姜片	10 克	白糖	3 克
蒜末	10 克	生抽	5 毫升
红椒丝	10 克	料酒	5 毫升
盐	3 克	食用油	少许

小贴士

韭薹放在常温下极易变黄变质，必须冷藏。买韭薹时，要选择花半开、花梗很嫩的。

制作指导

韭薹入锅炒制的时间不能太久，否则会影响其脆嫩的口感。

做法演示

1. 将洗净的韭薹切成约 3 厘米长的段。

2. 热锅注油，烧至五成热，倒入小鱼干。

3. 炸片刻后捞出。

4. 锅留底油，倒入生姜片、蒜末爆香。

5. 放入小鱼干、料酒炒匀。

6. 加白糖、生抽炒匀。

7. 倒入韭薹、红椒丝。

8. 炒约 1 分钟至熟透。

9. 加盐、味精，炒匀调味。

10. 加水淀粉勾芡。

11. 加少许熟油炒匀。

12. 盛出装盘即可。

口味 鲜　适合人群 中老年人　烹饪方法 焖

腊八豆烧黄鱼

黄鱼含有丰富的蛋白质、微量元素和维生素等营养成分，对人体有很好的补益作用。黄鱼中含有的微量元素硒，能清除人体代谢产生的自由基，具有延缓衰老的功效，特别适合体质虚弱者和中老年人食用。

材料

黄鱼	450 克	料酒	适量
腊八豆	100 克	水淀粉	适量
生姜片	20 克	鸡精	2 克
葱段	20 克	味精	2 克
红椒片	20 克	食用油	适量
盐	适量		

小贴士

平时用腊八豆制作汤类，可以加入香蒜。这两种食材搭配在一起，制作出的汤爽口又开胃。

制作指导

烹饪此菜时，不宜放太多盐，因为腊八豆本身就有咸味。

做法演示

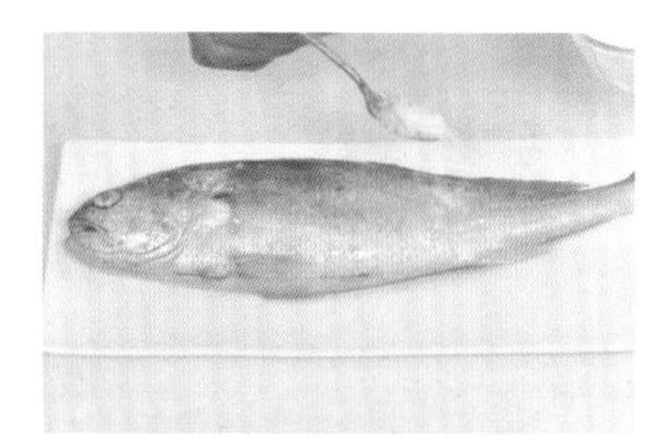

1. 将处理好的黄鱼用适量盐、料酒抹匀，腌渍 10 分钟。

2. 油锅烧热，放入少许生姜片爆香后捞出。

3. 下入腌好的黄鱼。

4. 煎至两面金黄，放入余下的生姜片和葱段。

5. 注入适量清水。

6. 放入腊八豆，煮至沸腾。

7. 加适量盐、鸡精、味精、料酒调味。

8. 盖上盖，小火焖煮约 5 分钟至入味。

9. 将煮好的黄鱼盛出，在盘中摆好。

10. 原锅中加水淀粉调成芡汁。

11. 倒入红椒片炒匀，即成味汁。

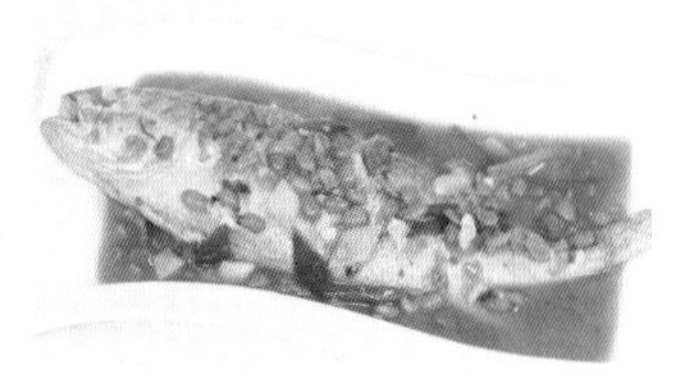

12. 将味汁淋在鱼身上即成。

口味 鲜　适合人群 老年人　烹饪方法 蒸

孔雀武昌鱼

武昌鱼含有丰富的蛋白质，所含的氨基酸成分与人体所需要的比值相似。武昌鱼鱼肉的纤维短、柔软，容易消化。武昌鱼中还含有一种叫作牛磺酸的氨基酸，能调节血压、降低血脂、防止动脉硬化、增强视力。

材料

武昌鱼	1条	盐	3克
青椒	20克	味精	3克
红椒	20克	豉油	适量
生姜	30克	食用油	适量

小贴士

生姜性温，其特有的生姜辣素能刺激胃肠黏膜，使胃肠道充血，使消化能力增强，能有效治疗腹胀、腹痛、腹泻等症。

制作指导

蒸武昌鱼的时候一定要用大火，且要等水烧开后再将鱼放入蒸锅中。

做法演示

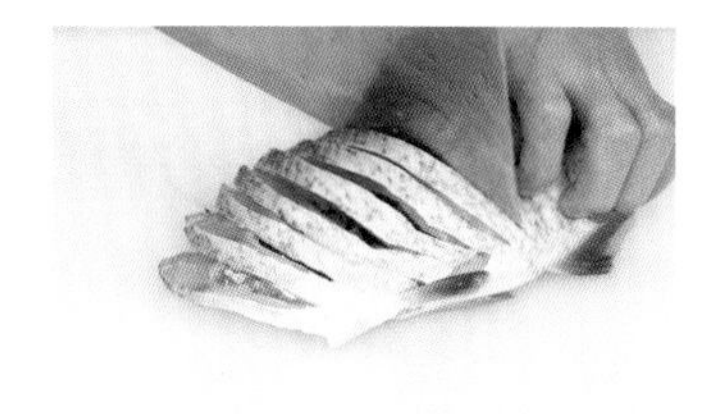

1. 将武昌鱼剖净，切下鱼头、鱼尾、鱼鳍，鱼身切直刀片。

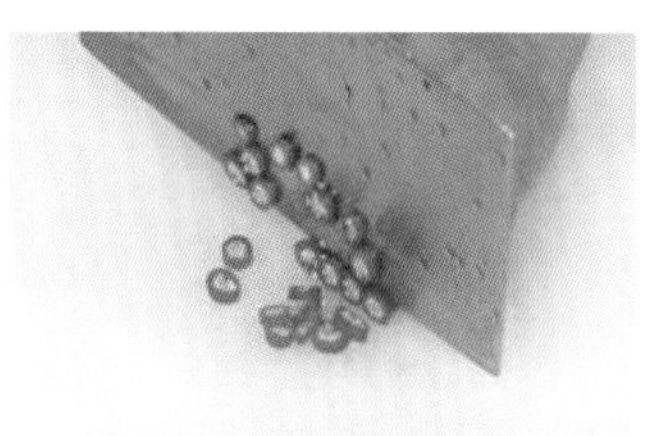

2. 将红椒洗净切圈。

3. 将青椒洗净切成丝。

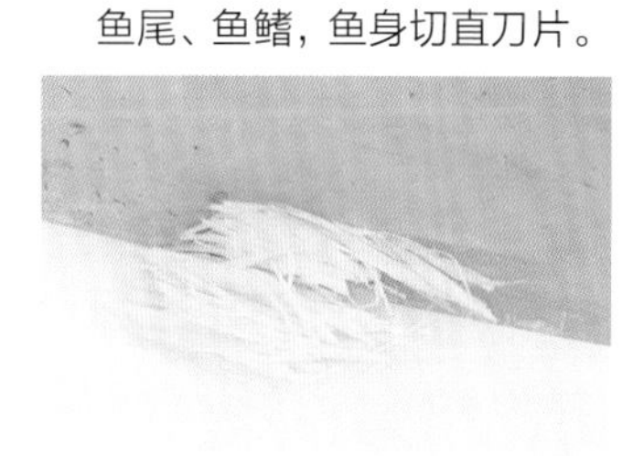

4. 将去皮洗净的生姜切片，再切成丝。

5. 将鱼片装盘，铺平，点缀上红椒圈、青椒丝。

6. 撒上盐、味精。

7. 再放上生姜丝。

8. 摆入鱼头。

9. 转至蒸锅。

10. 加盖，大火蒸7~8分钟。

11. 待鱼蒸熟后取出。

12. 浇上豉油、熟油即成。

口味 清淡　适合人群 一般人群　烹饪方法 炒

豆角干炒腊鱼

豆角干含丰富的 B 族维生素、维生素 C 和植物蛋白，还含有较多的优质蛋白、不饱和脂肪酸、钙和铁等矿物质，具有使人头脑宁静、调理消化系统和消除胸膈胀满的功效。常食豆角干还有解渴健脾、补肾止泻、益气生津的功效。

材料

腊鱼	300 克	盐	3 克
豆角干	100 克	白糖	3 克
青椒片	10 克	味精	3 克
红椒片	10 克	老抽	4 毫升
生姜片	10 克	水淀粉	适量
蒜末	10 克	香油	5 毫升
葱段	10 克	食用油	适量
料酒	5 毫升		

小贴士

豆角中所含的维生素 C 可以促进人体抗体的合成，提高人体的抗病毒能力，还可以防治急性肠胃炎。

制作指导

豆角干的浸水时间不宜过长，至变软即可捞出沥水。烹煮时，要将豆角干煮透，味道会更香。

做法演示

1. 将洗净的腊鱼斩成小件。

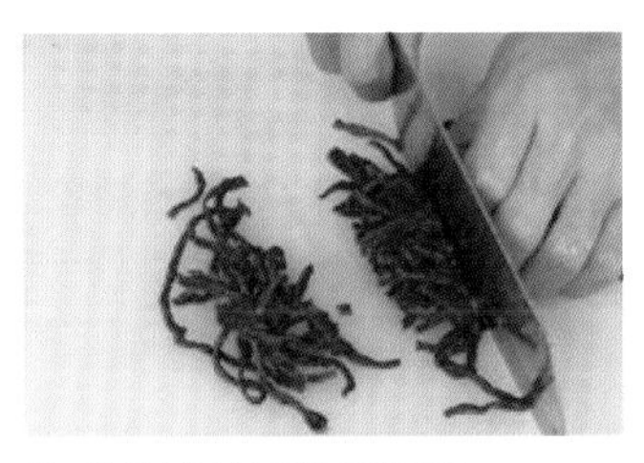

2. 将洗净的豆角干切段。

3. 锅中加水煮沸，放入腊鱼拌煮约 1 分钟，捞出沥水。

4. 油锅烧热，爆香生姜片、蒜末、葱段。

5. 加腊鱼炒匀，倒入料酒炒香。

6. 倒入豆角干，翻炒一会儿。

7. 倒入少许清水，煮沸。

8. 加盐、白糖、味精、老抽稍煮。

9. 倒入青椒片、红椒片。

10. 加水淀粉勾成薄芡汁，炒匀。

11. 淋入少许香油拌匀。

12. 煮透后盛出装盘即成。

口味 鲜　适合人群 女性　烹饪方法 蒸

醋香武昌鱼

圣女果既是蔬菜又是水果，含有普通西红柿的所有营养成分，其维生素含量还是普通西红柿的 1.8 倍。此外，圣女果中含有的谷胱甘肽及番茄红素等特殊物质，具有促进生长发育、增强免疫力、延缓衰老、美白防晒的作用。

材料

武昌鱼	1 条	盐	3 克
黄瓜	100 克	胡椒粉	适量
圣女果	70 克	陈醋	5 毫升
生姜丝	10 克	生抽	适量
葱丝	10 克	食用油	适量

小贴士

圣女果连皮一起吃最好。如果担心皮上有残留的农药，可以用盐搓一搓，然后用清水冲洗干净。

制作指导

将武昌鱼去鳞剖腹洗净后，放入盆中，倒一些料酒或牛奶腌渍，可除鱼的腥味。

做法演示

1. 将处理好的武昌鱼切下鱼头、鱼尾，鱼身切片。

2. 将鱼头、鱼尾、鱼肉摆盘。

3. 放上备好的生姜丝。

4. 将摆好的武昌鱼放入蒸锅。

5. 加盖，大火蒸约7分钟至熟透。

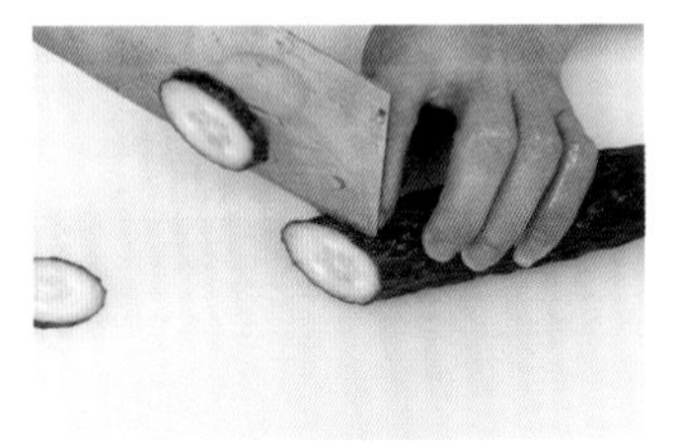

6. 把洗净的黄瓜切片。

7. 将洗好的圣女果去蒂洗净，对半切开。

8. 揭盖，将蒸好的鱼取出。

9. 撒上胡椒粉、葱丝，将热油浇在鱼片上。

10. 将陈醋、生抽、盐倒入锅中，制成味汁。

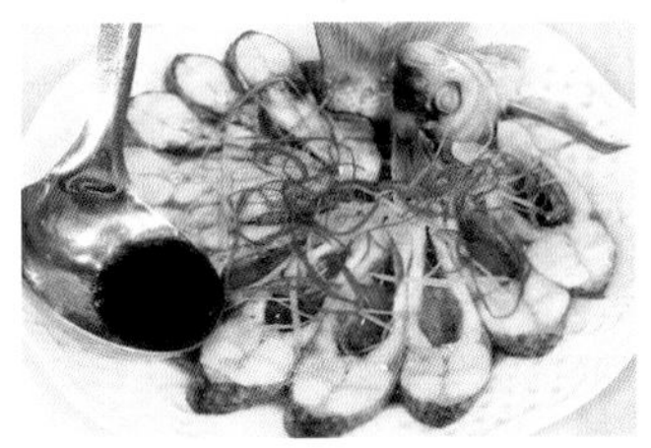

11. 将味汁浇在鱼片上。

12. 用黄瓜片、圣女果装饰即可。

口味 鲜　适合人群 一般人群　烹饪方法 炸

豉椒武昌鱼

武昌鱼属于名贵淡水鱼，不仅肉质细嫩、口感爽滑、鲜香可口，还具有蛋白质含量高、胆固醇含量低的特点，有补虚、健胃、益脾、养血、祛风等功效，对高血压、贫血及营养不良的人来说有很好的食疗效果。

材料

武昌鱼	550 克	生抽	5 毫升
豆豉	25 克	老抽	5 毫升
青椒末	15 克	盐	适量
红椒末	15 克	白糖	3 克
生姜片	10 克	料酒	适量
蒜末	10 克	淀粉	适量
葱白	10 克	水淀粉	适量
葱花	10 克	食用油	适量
蚝油	5 毫升		

小贴士

新鲜的武昌鱼具有眼球饱满凸出、角膜透明清亮有弹性、鳞片有光泽、鳃丝清晰呈鲜红色以及鱼肉紧实有弹性等特点。

制作指导

制作稠汁时，要一边倒水淀粉，一边不停地搅拌，并且最好用中火。

做法演示

1. 将武昌鱼处理好，加适量盐、料酒，再撒上淀粉拍匀。

2. 锅中入油，烧至六成热，放入武昌鱼，炸至熟透。

3. 捞出沥油，放入盘中摆好。

4. 锅留底油，放入蒜末、生姜片、葱白、青椒末、红椒末、豆豉炒香。

5. 淋入少许料酒炒匀，注入适量清水。

6. 加蚝油、生抽、老抽、适量盐、白糖，烧开。

7. 倒入适量水淀粉，搅拌成稠汁。

8. 将稠汁均匀地淋在鱼上。

9. 撒上葱花，摆好盘即成。

口味 辣　适合人群 女性　烹饪方法 炒

豆豉鳝鱼片

鳝鱼肉嫩味鲜，其主要营养成分是蛋白质，还含有碳水化合物、脂肪、铜、磷等营养素，有补气养血、温阳健脾、滋补肝肾、祛风通络等保健功能。鳝鱼还有很强的补益功能，特别是对身体虚弱、病后以及产后之人的食疗功效更为明显。

材料

鳝鱼	200 克	盐	2 克
青椒	30 克	淀粉	适量
红椒	30 克	蚝油	5 毫升
豆豉	10 克	老抽	4 毫升
蒜末	5 克	料酒	适量
生姜片	5 克	水淀粉	10 毫升
葱白	5 克	食用油	适量

小贴士

宰杀鳝鱼时，最好先用刀背把其头部拍一下，这样比较容易宰杀。

制作指导

鳝鱼宰杀洗净后，可放入开水锅中汆烫片刻，以除去鳝鱼身上的滑液，这样烹制出来的鳝鱼味道更加鲜美。

做法演示

1. 把洗净的红椒切片。

2. 将青椒洗净切片。

3. 鳝鱼杀好洗净切片，加适量料酒、盐、淀粉拌匀，腌渍入味。

4. 热锅注油烧热，倒入鳝鱼，滑油片刻后捞出。

5. 锅留底油，放入生姜片、蒜末、葱白、豆豉炒香。

6. 倒入青椒片、红椒片炒匀。

7. 倒入鳝鱼片炒匀。

8. 加入少许料酒炒至熟透。

9. 加适量盐、蚝油、老抽调味。

10. 加入少许水淀粉勾芡。

11. 继续炒匀。

12. 盛入盘内即可。

口味 辣　适合人群 一般人群　烹饪方法 炸

串烧基围虾

虾肉中含有丰富的镁元素，而镁对心脏活动具有重要的调节作用，能很好地保护心血管系统，降低血液中的胆固醇含量，预防动脉硬化，同时还能扩张冠状动脉，因而有利于预防高血压及心肌梗死。

材料

基围虾	200 克
红椒	15 克
辣椒面	10 克
蒜末	10 克
葱花	10 克
盐	3 克
味精	2 克
食用油	适量

小贴士

这道菜做好后一定要趁热吃，虾皮十分酥脆，可以一起食用，还能补钙。如果一次吃不完，可放入冰箱保存，再次食用前，用平底锅加热即可，不用再放油。

制作指导

去除虾线的方法很简单，只需要用牙签从虾身的倒数第一节与倒数第二节中间穿过，然后再向上挑断虾线就可以了。

做法演示

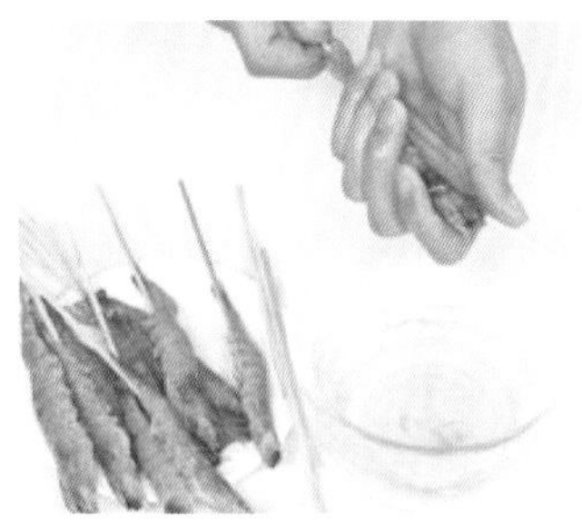

1. 将洗净的基围虾剪去头须，用竹签穿起来。

2. 将红椒洗净切成粒。

3. 热锅注油烧热，放入基围虾，炸至金黄色后捞出。

4. 油锅烧热，倒入蒜末、葱花煸香。

5. 再放入红椒粒同炒。

6. 放入基围虾，加辣椒面炒匀。

7. 加盐、味精翻炒均匀。

8. 取出基围虾摆盘。

9. 撒上锅底余料即可。

口味 辣　适合人群 一般人群　烹饪方法 蒸

湘味腊鱼

腊鱼肉质细嫩，味道鲜美，营养价值很高，富含蛋白质、脂肪、维生素 A、磷、钙、铁等营养素。腊鱼是用盐和少量亚硝酸钠或硝酸钠、黑胡椒、丁香、香叶、茴香等香料腌渍，再经风干或熏制而成，具有开胃祛寒、消食等功效。

材料

腊鱼	500 克
朝天椒	20 克
泡椒	20 克
生姜丝	20 克
食用油	适量

小贴士

挑选腊鱼时，干度是第一要素，返潮的或者有些发软的腊鱼不要购买；腊鱼最好买块状的，因为整个的腊鱼通常带着鱼头，鱼头制作成腊味没有多大食用价值。

制作指导

蒸熟后的腊鱼可以直接食用，或者将其和其他干鲜蔬菜一同炒制。西餐中，一般是将腊鱼用作多种菜肴的配料。

做法演示

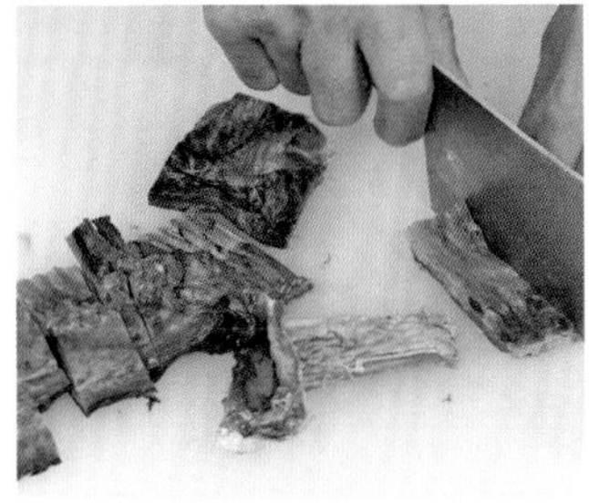

1. 将洗净的腊鱼斩块。

2. 将朝天椒洗净切圈。

3. 将泡椒洗净切碎。

4. 锅中加清水烧开，倒入腊鱼，煮沸后捞出。

5. 热锅注油，烧至五成热，倒入腊鱼，滑油片刻捞出。

6. 将腊鱼装入盘中，撒上泡椒、朝天椒、生姜丝。

7. 转至蒸锅，加盖，用中火蒸约 15 分钟。

8. 揭盖，取出蒸好的腊鱼。

9. 淋入少许熟油即成。

口味 咸　适合人群 一般人群　烹饪方法 蒸

蒸巴陵腊鱼

腊鱼不仅具有风味独特、耐贮藏等特点，而且含有丰富的蛋白质、脂肪及多种微量元素等营养成分，其中维生素A的含量尤其丰富。适量食用腊鱼，可以起到补虚养身、气血双补、健脾开胃的调理作用。

材料

巴陵腊鱼	500 克	老抽	5 毫升
生姜末	20 克	白糖	3 克
辣椒面	20 克	料酒	3 毫升
豆豉	20 克	味精	3 克
葱段	15 克	食用油	适量
红椒丝	20 克		

巴陵腊鱼

生姜

辣椒面

豆豉

小贴士

挑选腊鱼时，先要看腊鱼是否去鳞了，好的腊鱼一般是没有鱼鳞的。另外，最好选择草鱼制成的腊鱼。

制作指导

蒸腊鱼之前，可先将腊鱼放入清水中浸泡，这样可以去除多余的盐分。

做法演示

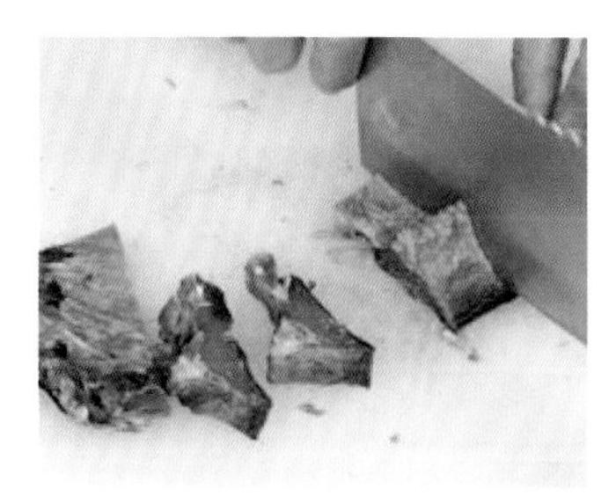
1. 将洗净的腊鱼斩成大块，再斩成小件。

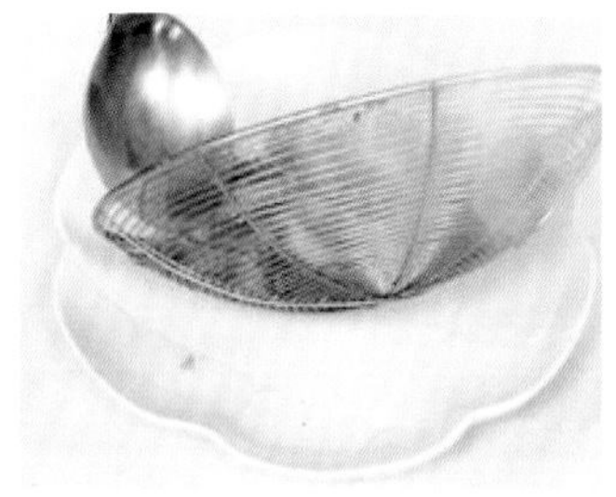
2. 将腊鱼块放入沸水锅中煮约 15 分钟，捞出去掉杂质。

3. 油锅烧热，加生姜末爆香。

4. 放入豆豉炒香。

5. 加辣椒面、老抽、白糖、味精、清水，炒约 1 分钟调成味汁。

6. 将调好的味汁浇在腊鱼块上。

7. 撒上葱段、红椒丝。

8. 将腊鱼转至蒸锅，淋上少许料酒，蒸约 15 分钟。

9. 取出腊鱼，浇上热油即可。

口味 咸　适合人群 一般人群　烹饪方法 煮

酒香腊鱼

葱含有丰富的维生素 C，有舒张血管、促进血液循环的作用，有助于预防血压升高所致的头晕，可以保持大脑灵活，预防阿尔茨海默病。此外，葱还含有挥发油和辣素，能产生特殊香气，有较强的杀菌作用，可以刺激消化液的分泌，提高食欲。

材料

腊鱼	250 克	干辣椒段	10 克
红酒	60 毫升	料酒	5 毫升
葱结	10 克	生抽	5 毫升
生姜片	10 克	水淀粉	适量
葱段	10 克	食用油	适量

小贴士

饮用红酒对皮肤有益。红酒中的萃取物可延缓皮肤的老化。红酒还可以起到补血的作用，能保持脸色红润。

制作指导

煮腊鱼的时间不宜太长，否则斩件时腊鱼容易散掉，影响成菜美观。

做法演示

1. 锅中注入适量清水，放入腊鱼煮沸。

2. 加入葱结和少许生姜片，淋入料酒。

3. 加盖煮约5分钟至腊鱼变软。

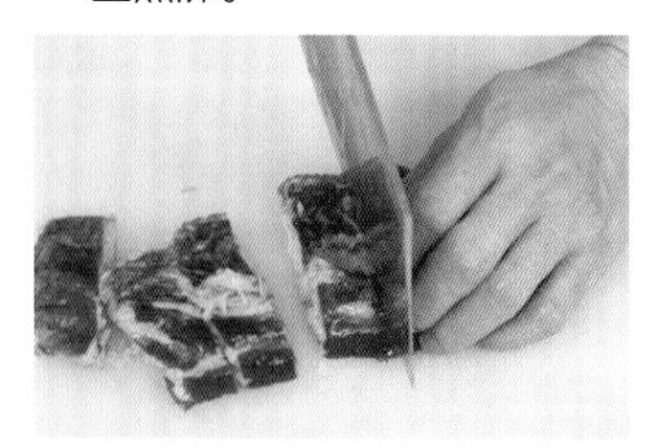

4. 捞出煮好的腊鱼，沥干，斩成小件。

5. 油锅烧热，放入干辣椒段、葱段和余下的生姜片爆香。

6. 倒入少许红酒。

7. 放入腊鱼，淋上剩余的红酒，翻炒均匀。

8. 加入生抽，煮约 1 分钟至腊鱼入味。

9. 将鱼块盛入盘中摆好。

10. 将原汤汁留在锅中。

11. 置火上，用水淀粉调成芡汁。

12. 将芡汁浇入盘中即成。

口味 咸　适合人群 一般人群　烹饪方法 蒸

豉香腊鱼

腊鱼含有蛋白质、维生素 A、磷、钙、铁等多种营养成分，尤其是维生素 A 的含量非常丰富，具有健脾和胃的功效。此外，蒸熟的腊鱼透明发亮、色泽鲜艳，吃起来味道醇香，风味独特。

材料

腊鱼	200 克	干辣椒	10 克
豆豉	10 克	料酒	8 毫升
葱段	10 克	生抽	5 毫升
生姜丝	10 克		

腊鱼

豆豉

葱

生姜

做法

1. 将腊鱼洗净切片，装入盘内，放入生姜丝及部分葱段。
2. 放上豆豉、干辣椒，淋入料酒、生抽，腌渍片刻。
3. 将腊鱼放入蒸锅。
4. 盖上锅盖，用中火蒸约 30 分钟至熟软。
5. 揭盖，取出蒸好的腊鱼，撒上剩余葱段即成。